I0000961

Anonymus

Wiesbaden und seine Umgebungen

Anonymus

Wiesbaden und seine Umgebungen

ISBN/EAN: 9783741166655

Hergestellt in Europa, USA, Kanada, Australien, Japan

Cover: Foto ©berggeist007 / pixelio.de

Manufactured and distributed by brebook publishing software
(www.brebook.com)

Anonymus

Wiesbaden und seine Umgebungen

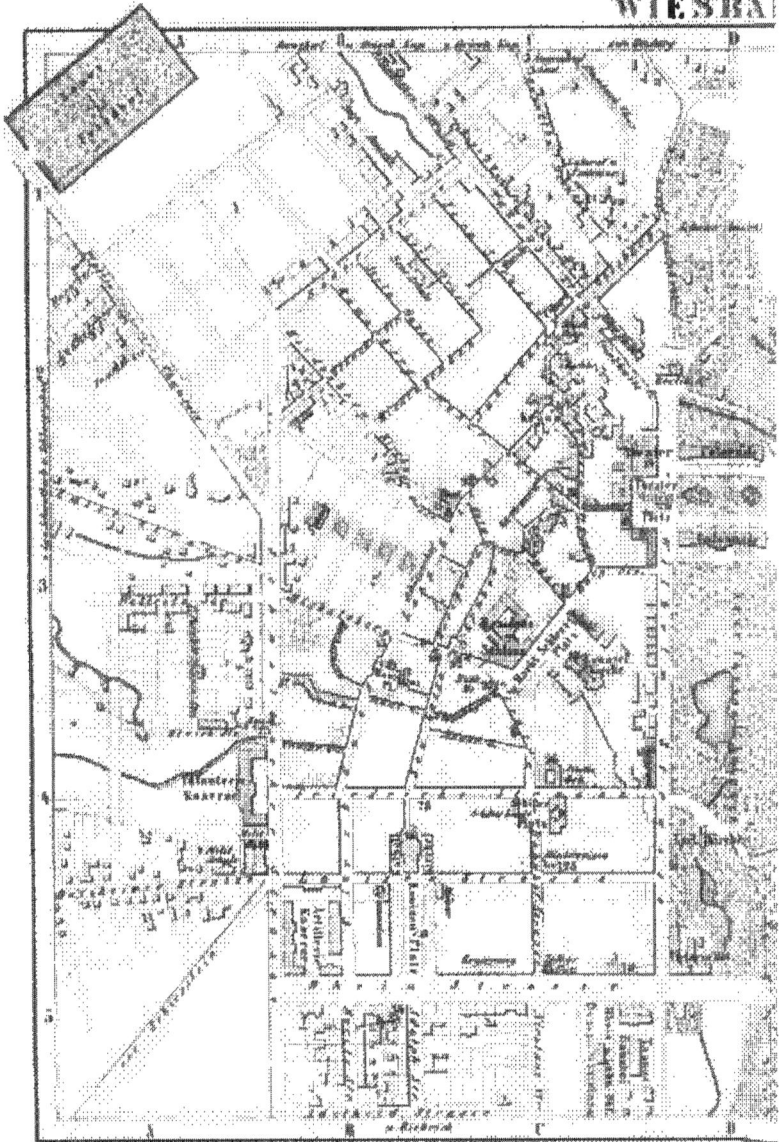

WIESBA[DEN]

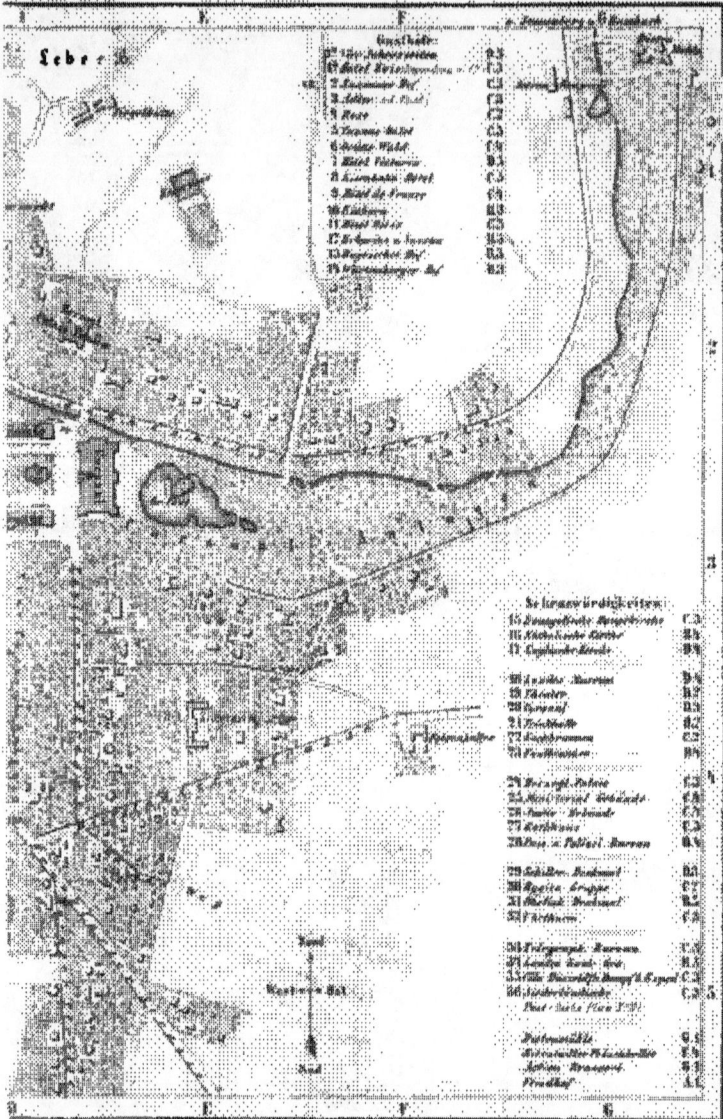

BADEN

Leber

Wiesbaden
und seine Umgebungen.

Ein

zuverlässiger Führer

durch die

Curstadt und ihre Umgebung.

Ihren Besuchern

gewidmet

von dem Verschönerungs-Verein und dem Cur-Verein
der Stadt Wiesbaden.

Mit einem Stadtplan und einer Karte der Umgegend.

WIESBADEN.

1866.

Wanderer aus allen Zonen
Böhmen deiner Zauber Pracht,
Träger stolzer Herrscherkronen,
Pilger in bescheid'ner Tracht!
Kranke tragen als Gesunde
Und verjüngt der sieche Greis
Deiner Wunderquellen Kunde
Bis zum fernsten Erdenkreis!

Widmung.

Will über dies Gebirge die Natur
Denn ihres Reichthums ganze Fülle giessen?
Wohin wir kamen, zog des Weges Spur
Durch Hügel sich, wo süsse Weine spriessen;
Aus ihren Tiefen aber sah't ihr hell
In Jugendlust kostbare Brunnen fliessen.
Gesundheit trinket aus dem klaren Quell,
Wen Krankheit traf auf schweren Lebenspfaden.
Kommt alle her, hier wächst die Heilung schnell,
Kommt alle her, die mühsam und beladen!

Tief in des Bodens unerforschtem Grund,
Da treibt der Erdgeist still verborg'ne Räder,
Sein Wirken thu'n die klaren Wasser kund,
Die er entsendet durch das Steingeäder;
In warmem Strahl entsprudeln sie dem Schacht,
Bereitend hellen Trank, wohlthät'ge Bäder,
Aus denen frischer auf die Seele lacht,
Aus denen blühender die Glieder blinken.
Quält euch ein Schmerz, so hüllt ihn bald die Nacht:
Hier könnt ihr des Vergessens Lethe trinken.

Wer sich an Speis' und Trank nicht freuen mag,
Wer, übersättigt von dem Weltgenusse,
In Traurigkeit hinbrütet Nacht und Tag
Sie heilen ihn von seinem Ueberdrusse,
Durchspülend ihn mit hold gesunder Fluth;
Sie küssen selbst mit weichem Wogenkusse,
Wer ihnen naht, im Herzen trüben Muth,
Weil matt und krank ihm starren alle Glieder;
Sie singen plätschernd ihm in nasser Fluth,
Und führen ihn in's heit're Leben wieder.

O blühet fort in eurer schönen Pracht,
Ihr holdgeschmückten heilungskräft'gen Orte!
Entströmet immer eurer Erdennacht,
Ihr heil'gen Quellen, durch die dunkle Pforte!
O lächelt stets, wem Kraft und Muth gebricht,
In dieser Berge segensreichem Porte! —
Schön ist's, den Völkern bringen Muth und Licht,
Süss ist es, Fülle, Gut und Freude geben,
Doch heil'ger ist — Natur vergisst es nicht —
Den Kranken spenden frisches neues Leben!

Aus: **Wolfgang Müller's „Rheinfahrt."**

Mit jedem Jahre macht sich der Mangel eines Werkchens fühlbarer, welches kurz und gedrängt dem Besucher des bedeutendsten rheinischen Bades als treuer Freund und Rathgeber zur Seite steht und ihn gleichzeitig unterstützt, sowohl im zweckdienlichen Genusse der Schönheiten und Vorzüge des Badeortes selbst, als auch seiner vielbesungenen herrlichen Umgebungen. Die Merkwürdigkeiten der Vergangenheit, wie die Annehmlichkeiten der Gegenwart soll dieser kurzgedrängte Führer dem Fremden wie dem Einheimischen erschliessen und zugänglicher machen.

Die Frequenz des idyllischen Wiesbades steigt von Jahr zu Jahr zu früher kaum geahnter Höhe. Die Verpflichtung der Bewohner Wiesbadens tritt immer klarer hervor, den Fremden mit wenig Mitteln in den Stand zu setzen, seinen Aufenthalt mit doppeltem Genuss zu würzen. Dies waren die Motive, welche den Verschönerungsverein und den Curverein der Stadt, zur Herausgabe des vorliegenden Büchleins ermuthigten. Möge es in diesem Sinne aufgenommen werden.

Nicht als eine geschäftliche Speculation, nicht als ein auf pecuniären Erfolg berechnetes Unternehmen kündigt dies Werkchen sich an: es will nur mit treuem Rath und mit gastfreundlicher Absicht dem Fremden und Badegast in Wahrheit ein Führer sein. Möglich dass auch in den Behausungen der Bewohner unserer Stadt das Büchlein eine Stelle findet, damit es die Zwecke unserer Cur und deren mehr und mehr steigende Bedeutung und Wichtigkeit in jeder Richtung fördern helfe.

In kurzgedrängter Darstellung gibt dieser Führer eine Geschichte unserer Stadt, eine genaue und wissenschaftliche Darstellung unserer Quellen und Mittheilungen über deren Wirkungen, Cur- und Baderegeln für den Leidenden, eine gewissenhafte Schilderung aller Sehenswürdigkeiten, der Erholungs- und Vergnügungsorte in und ausserhalb der Stadt u. s. f. — Rechnet man sämmtliche Tarife und Taxen der Verkehrsanstalten hinzu, so wird das Buch als ausreichender Führer für unseren Badeort gelten können.

Die Umgebungen der Stadt, nach den genauesten Mittheilungen des Verschönerungsvereins geschildert, orientiren in ihrer Aufstellung wohl leicht den der Gegend Unkundigen und somit dürfte auch in dieser Richtung ein erspriesslicher Zweck erreicht werden.

Die schnellere Bekanntschaft mit Stadt und Umgebung vermitteln zwei genaue Karten des Badeortes und seines Weichbildes.

Spätere Auflagen werden hoffentlich die herausgebenden Vereine in den Stand setzen, etwa Mangelhaftes zu ergänzen, Fehlendes nachzutragen und

Wiesbaden.

Geschichtliches.

Nicht aus neuester Zeit — gleich den in grosser Anzahl täglich entstehenden Badeorten und Cur-Etablissements — datirt sich die Berühmtheit unseres Heilbades, das römische Zeitalter schon kannte und schätzte die Quellen Wiesbadens.

Plinius gedenkt derselben schon (Histor. Natural. L. 31 cap. 2), ebenso wie Ammianus Marcellinus (L. 29 cap. 4) unter dem Namen Fontium, Aquarum Mattiacarum ihrer Erwähnung thut und die Reste uralter Baudenkmale: die sog. Heidenmauer, das ehemal. römische Castell, Spuren römischer Bäder u. s. f. unterstützen die Nachweise der genannten römischen Schriftsteller durch augenscheinliche Thatsachen.

Als Julius Cäsar (54 vor Chr.) den Rhein überschritt und den deutschen Boden zuerst betrat, waren Land und Gegend des heutigen Wiesbaden im Besitze der Ubier. Diese, von den Katten verdrängt, vertauschten ihre Wohnsitze und zogen zum Niederrhein. Die Kriegszüge des Drusus, die Errichtung des Pfahlgrabens und die Erbauung von fünfzig Castellen am Rhein durch den vorgenannten Feldherrn, zwangen des Landes Insassen zur Unterwerfung unter römische Botmässigkeit.

Später nennt die Geschichte die Usipeter (Wisibäder) und Mattier oder Mattinken im Lande der Katten als Herren dieses Landesstriches, des mattiakischen Gau's (ager Mattiacus) und auch in jener Zeit waren die heissen Quellen des heutigen Badeortes (aquae Mattiscae) bekannt. Zahlreiche germanische Gräberreste zeugen dafür, dass die Gegend schon vor der Römerzeit Wohnsitz germanischer Volkastämme war.

Nur widerwillig liessen die kriegerischen Söhne des Landes sich unter den Zwang der röm. Municipalverfassung beugen und im Jahr 70 n. Chr., zur Zeit des batavischen Aufstandes unter Claudius Civilis, griffen auch sie zu den Waffen, indem sie sich der Belagerung des benachbarten Mogontiacum werkthätig anschlossen.

Nicht allseitig zugegeben wird: ob in jener Zeit schon sich an den Fontes Mattiaci selbst, eine geregelte Ansiedlung erhob, oder ob die Niederlassung »Civitas Mattiacorum«, deren auf verschiedenen Stein-Inschriften Erwähnung geschieht, nicht das nahe liegende Castel (gegenüber Mainz) gewesen. Kirchner (1817) und Simrock, die tüchtigen rheinischen Forscher, sind die letzteren Ansicht.

„Ebenso bildete sich unter dem Schutze des jenseitigen Castellum Drusi eine Ansiedelung der über dem Taunus noch unbezwungen wohnenden Mattinken, welche den urkundlichen Namen Civitas Mattiacorum erhielt. Sie scheint die Hauptstadt derjenigen Mattinken gewesen zu sein, welche diesseits des Pfahlgrabens die Herrschaft der Römer anerkannten, wenigstens deutet darauf ein von Prof. Nic. Müller beschriebener, hernach leider in den Fundamenten des Forts Montebello verwendeter Votivstein, welchen die Bürger von Wiesbaden (cives visinobates) für das Gemeindeglück des Blattes von Mattiom bei der Civitas Mattiacorum, dem heutigen Castel, Malus genannter, errichteten.“ Simrock.

Bei der Vorliebe der Römer für die Thermen überhaupt und gegenüber den thatsächlichen römischen Spuren, den im Jahr 1838 blos gelegten Reste eines römischen Castell's auf der Höhe des sog. Heidenbergs u. s. f.,

Die fränkischen Herrscher hatten die Höben des Taunuslandes zwischen Main und Rhein im Besitz, die Wälder waren königliche Kammerforste (812) und die Ansiedlungen und Dörfer königliche Villen; sie nannten dies Land in besonderer Vorliebe »Königssonderland« und Wiesbaden war des Gaues Hauptort. So nennt auch der Vertrag von Verdun (843) die fränkischen Könige als Herren der Stadt: Wisiladun — Wisibad.

Unter solchen Umständen erfreute sich unsere Stadt der häufigen Besuche fränkischer Könige und Herrscher. So vermuthet man die Anwesenheit Karl's des Grossen in Wiesbaden, der, wie bekannt, im nahen Ingelheim residirte. Otto I. erliess verschiedene Urkunden von hier aus, als er nach seinem italienischen Königs- und Kaiserzug im April 965 in Wiesbaden weilte. Heinrich II., Lothar II., Friedrich I. und Philipp von Schwaben statteten der Stadt Besuche ab und auch Friedrich's des III. Anwesenheit in Wiesbaden im Winter 1474 ist historisch erwiesen. Es erhob sich damals (seit 882), oberhalb des Kochbrunnens in der jetzigen Saalgasse (die noch ihren Namen daher leitet), eine königl. Pfalz oder ein Saalhof (fiscus regius Wisibad in pago Cunigeshundra 882) während der eigentliche Königsstuhl (regia sedes, que in volgari dicitur Kunegestuol 1213) zwischen Wiesbaden und dem heutigen Erbenheim sich erhob. Von dem ehemaligen königl. Saalhof fand man 1617 noch Reste und 1706 noch Fundamentmauern.

„Die Mallstätte des Gaues aber war in Mechtildeshusen (Mechtildistal 1270). Von 815 bis 960 stand dem Gau eine Grafenfamilie vor, die meistens den Vornamen Hatto führt. An die reihen sich, ob als eine Nebenlinie oder auch Vermählung ist unbekannt, die Urahnen des Hauses Nassau an. Drutwin II., ein Sohn Drutwin's I., der bei Strüth auf dem Einrich erschossen wurde, tritt 993, 995 und 1009 als Gaugraf und Gerichtsvorsitzer in der Königshundrete auf. Von ihm an ist die Nassauische Genealogie klar und zusammenhängend. Aus diesem Gau leitet also dieses alte, ehrwürdige

Regentenhaus seine gräflichen Titel und Rechte ab.“ — O. B. Vogel.

Nach Vogel erscheint die eigentliche Fronhube Wieshaden 1123 zum letztenmale als königliches Eigenthum, und im Laufe des 11. Jahrh. scheint demnach der Uebergang des Gaues in den Besitz der Grafen von Nassau stattgefunden zu haben.

Im 12. Jahrh. gilt Wiesbaden schon als eine rüstig aufblühende Stadt, mit Mauern, Thürmen, 6 Thoren und Gräben umgeben; sie war Sitz eines obersten Landgerichtes mit 14 Schöffen. In Folge eines Spruches dieses Gerichtes zerstörte Gottfried von Eppenstein (Eppstein) 1283 die Stadt, die Adolph von Nassau, nachmaliger deutscher Kaiser wieder herstellen und befestigen liess. Adolph von Nassau residirte häufig (1292 — 98) in der wohlbefestigten Burg der nassauischen Grafen, die sich an Stelle der heutigen herzoglichen Heithahn (damals die Mitte der Stadt) erhob.

Ludwig der Bayer belagerte 1318 die Stadt einen Monat lang vergeblich und zerstörte nach Schenk (dem trefflichen Historiographen unserer Stadt) die Umgebung derselben, sowie das Kloster Clarenthal auf entsetzliche Weise. Jedoch um 1337 schon zogen die Heilquellen des Orts zahlreiche Hülfesuchende aus allen Richtungen an.

Zwischen dem benachbarten Mainzer Erzstuhl und später den beutelustigen Rittern Gottfried und Eberhard von Eppenstein (1417 und 1419) und der Stadt, entstanden mehrfache Fehden, wie solche das ganze Mittelalter kennzeichnen. Graf Adolph II., der für seinen Ohm, den Mainzer Erzbischof Johann von Nassau, Parthei nahm, war es zunächst, der den Strauss mit den Eppsteinern auszufechten hatte, in dessen Folge die Stadt bedeutend leiden musste. Ebenso erging's der Stadt hart in den Jahren 1461 und 1463 unter dem Grafen Johann, der durch seinen Bruder, den Erzbischof Adolph von Mainz, mit Diether von dass in den Jahren 1634—48 deren Zahl zeitweise nicht höher als 50 — ja 2011 — anzugeben war, wie denn ausser den Kriegsbeschwerden auch die Pest 1624 und 1675 ihre Opfer forderte.

Auffällig ist dabei, dass jene furchtbare Seuche gerade hier weniger wüthete als anderwärts, was allgemein dem »starken und kräftigen Dampfe der warmen Quellen« zugeschrieben wurde.. —

Endlich erschien die langersehnte Friedenszeit und nach und nach, jedoch nicht ohne Unterbrechungen, erholte sich der so unendlich hart und oft heimgesuchte Ort, so dass beispielsweise Anfang des 18. Jahrh. schon wieder 300 und Mitte desselben bereits 600 Bürger gezählt werden konnten.

Die französisch-deutschen Kriege 1672 brachten zunächst Einquartierungen kaiserlicher und lothringischer Truppentheile unter Generallieutenant Montecuculi (1673) und Brandschatzungen (1688), ebenso wie die Stadt von den Streifzügen ungarischer (unter General Pally) und deutscher Reichsvölker nicht verschont blieb.

Fürst Georg August von Nassau-Jdstein, der 1688 in den Reichsfürstenstand erhoben wurde, liess 1690 die alte Stadtmauer abbrechen und legte die Neugasse, Webergasse und Saalgasse an, gleichzeitig eine neue Mauer um die erweiterte Stadt aufführend. Er erbaute zugleich 1705 das Biebricher Residenz- und Lustschloss.

In den Zeiten des spanischen Erbfolgekrieges kamen holländische Truppen unter General Hompesch und im Frühling 1704 Engländer unter Herzog Marlbourough in und durch die Stadt.

Eine Friedensperiode trat bald darauf ein, die nur durch wenig bemerkenswerthe Umstände hie und da unterbrochen wurde, bis der österreichische Erbfolgekrieg auch bis hierher wieder seine weitverzweigten Fäden ausdehnte; die Stadt war abermals den

Bedrückungen der wechselndsten Truppentheile ausgesetzt.

Fürst Carl von Nassau-Usingen war es, der, während anderwärts im deutschen Lande der 7 jährige Krieg tobte, zuerst wieder für Wiesbadens Emporblühen sorgte, er erhob die Stadt zum Sitze seiner Regierung (1744) und brachte sogar Wiesbaden als Curort wieder zu gewisser Geltung. Diese Bemühungen setzte Fürst Carl Wilhelm, des vorgenannten Sohn, fort und schuf der Letztere unter anderm an der Stelle des heutigen Cursaals und des Park's den sog. Irrgarten (Herrngarten) mit einem Gartensaal, aus dem sich später die jetzigen Baulichkeiten des Cursaals und die Curhaus-Anlagen herausbildeten und entwickelten.

1786 stattete Kaiser Joseph II. der Stadt einen Besuch ab, er residirte im nunmehr niedergelegten Schützenhof.

Das Jahr 1789 und die Wirren in Frankreich, brachten der Stadt eine grosse Anzahl französischer Emigranten; wie denn auch im Jahr 1850 (10.—31. August) der sog. Legitimisten-Congress hier abgehalten wurde. Graf Chambord (Heinrich V.) empfing damals seine Anhänger im Weichbilde unserer Stadt.

Während nun die Entwicklung des Landes in ruhigem Fortschreiten begriffen war, wurde Wiesbaden besonders dadurch begünstigt, dass es 1815 und 16 nach Aussterben der Nassau-Usingen'schen Linie Hauptstadt des ganzen Herzogthums wurde. Kurz vorher, im Jahre 1810, war der heutige Cursaal erbaut worden. — Der Besitz Wiesbadens, immer bei'm nassauischen Hause, hat, wie oben bemerkt, nichtsdestoweniger in den verschiedenen Linien dieses Hauses gewechselt.

Die hauptsächlichsten Verschönerungen der Stadt selbst, begannen unter Herzog Friedrich August, der 1803 die Herrschaft antrat und unter dem das Herzogthum (1806) durch Entschädigungen auf rechtem Rheinufer, für die verlorenen linksrheinischen Besitzungen, arrondirt und vergrössert wurde. Herzog Wilhelm I. vereinigte nach Aussterben der anderen nassauischen Linien, 1816 sämmtliche Nassauischen Lande unter seinem Scepter. Unter ihm wichen die letzten Reste der alten Stadtmauer und Wiesbaden gestaltete sich so zu dem freundlichen, allseitig offenen, von Blumengärten eingerahmten Orte.

~~~~

Gegenwärtig regiert Wilhelm Carl August Friedrich Adolph, Herzog zu Nassau, (walramische Linie), geb. am 24. Juli 1817, der seinem Vater, dem Herzog Wilhelm, am 20. August 1839 succedirte.

Das Herzogthum Nassau selbst hat eine Gesammt - Bevölkerung (nach neuester Zählung) von 468,311 Seelen und einen Flächenraum von 1,856,518 Morgen Landes mit 32 Städten, 85 Flecken und 817 Dörfern, 238 einzelnen Höfen, 1078 Mühlen und 52 Hütten- und Hammerwerken.

~~~~~~~~~~

Heute gilt Wiesbaden als der prächtigste rheinische Badeort und in sanitätlicher Beziehung als der bedeutendste Badeort Deutschlands. In stetem Emporblühen wächst die Stadt mächtig heran und bietet dem Heilungsuchenden wie dem Erholungsbedürftigen Genusse so verschiedener Art, dass sie Concurrenzen anderer Bäder in keiner Weise zu fürchten hat.

Am Fusse des reizenden Taunusgebirges und am südlichen Abhange desselben gelegen, geschützt durch verschiedene Ausläufer der Taunuskette, in einen Kessel waldgekrönter Hügel gebettet und nur eine Stunde vom majestätischen Rheinstrom entfernt — bietet die ganze Umgebung ein paradiesisches Stückchen Erde. Mit Recht gilt Wiesbaden als die Perle deutscher Bäder, als die Krone der Taunus-Heilorte.

Nicht die Lobeserhebungen bezahlter Zeitungsberichte und überschwengliche Anpreisungen haben den Curort auf seine heutige Höhe emporgehoben, die Wirksamkeit seiner Quellen, die wunderherrliche Natur und die Reize des blühenden Landes verhalfen ihm zu seiner Bedeutung. Dazu kommt noch die Nähe der bedeutenden Badeorte Schwalbach. Schlangenbad u. s. f..

um so wichtiger, als zwischen diesen und Wiesbaden ein reger Wechselverkehr besteht.

Man setze den Fuss nach irgend einer Richtung über das Weichbild der Stadt hinaus und romantische Thallandschaften, reiche Obstgärten, blumige Matten und Wiesen, rebengeschmückte Hügel, laubbewaldete Berge grüssen den Wanderer aller Orten.

Die Stadt liegt unter dem 50° 6'' nördlicher Breite und 26° östlicher Länge; nach neuester Landesvermessung erhebt sie sich 361 par. Fuss über den Amsterdamer Pegel und ca. 90' über den Rheinspiegel. Die ganze äussere Erscheinung Wiesbadens ist äusserst einladenden und freundlichen Characters.

Im NW. thronen über derselben die nahen Höhen der Platte (1640') und der hohen Wurzel (1890'.); sie schützen gleichzeitig Wiesbaden vor den rauhen Nord- und Nordostwinden. Die Stadt hat nach der neuesten Volkszählung (vom Dezember 1865) 26,573 Einwohner und eine Besatzung von ca. 1000 Mann Militär. Die Zahlen der Religionsgesellschaften vertheilen sich auf ca. 17,000 evangelischen, 7500 römisch-katholischen, ca. 300 deutschkatholischen und ca. 600 israelitischen Glaubensbekenntnisses.

Die Fremden- Frequenz erreichte im Jahr 1865 nach der amtlichen Cur- und Fremdenliste die Zahl von circa 30,000, jedoch ist nach zuverlässigen Mittheilungen die Höhe derselben auf 40,000 anzugeben. Die Zahl der Passanten und auf kürzere Zeit verweilenden Gäste lässt sich auf mindestens ebensoviel bestimmen.

Durch die günstige Lage und milde Temperatur in den Wintermonaten, steigerte sich die Zahl der hier überwinternden Fremden auf circa 2500 Personen, ein Contingent, das besonders im Winter 1865—66 noch durch die aus allen Gegenden Italiens und Frankreichs vor der Cholera hierher-flüchtenden Gäste vermehrt wurde.

Als Haupt- und Residenzstadt des Landes, ist Wiesbaden ausser den Hof-behörden (Hofmarschallamt, Oberjägermeisteramt u. s. f.) auch Sitz des Staats-Ministeriums, eines Ober-Appellationsgerichtes, Hof- und Appellationsgerichtes, eines Criminalgerichtes, eines Justizamtes, der Landesbankdirection, Staatscassendirection , Cassationshof, Finanz-Collegium, Hochbau-Inspection, Landesregierung , Landoberschulthei-serei, der Eisenbahndirection, Eisenbahnbauinspection, Markscheiderei , eines Münzamtes, Weginspection, Zolldirection, Verwaltungsamtes, Telegraphendirection, Rechnungskammer, Receptur, Schwurgericht, Bergmeisterei, Postamt, Polizeidirection etc.

Militärische Behörden sind: das Obercommando der Truppen, die Militärverwaltungs-Commission , Kriegsdepartement , Militärschul- Direction u. s. f.

Städtische Behörden: Bürgermeisterei, Acciseamt, Stadtarmencommission, Stadtcasse, Leihhaus, Stadtbaumeisterei etc.

Die Stadt hat ferner ein Real-Gymnasium, ein Gelehrten-Gymnasium, eine Handels- und Gewerbeschule, ein landwirthschaftliches Institut und chemisches Laboratorium , sowie verschiedene andere Schulen und Erziehungsanstalten (s. unten).

Der eigentliche kaufmännische Verkehr der Stadt wurzelt hauptsächlich in den mit der Cur-Industrie zusammenhängenden Branchen und ist es ein offenbarer Vorzug des Badeortes, dass Fabrikwesen und mercantiles Treiben den Curgast nicht behelligen.

Und so hätten wir dem Fremden wie dem Einheimischen ein getreues Bild der Stadt entworfen, ohne Ueberschwenglichkeit deren Vorzüge dargestellt und ihre Entstehung und Geschichte kurzgedrängt hier niedergelegt. Nicht als eine correcte historische Abhandlung wünschen wir diese Blätter betrachtet zu wissen; es war unsere Absicht ein allgemein gehaltenes Bild der Stadt zu geben, eine Schilderung, die wir nicht besser als mit den Versen eines nassauischen Dichters beschliessen können:

Dort stand der alte König
Und sah auf sein Gefild,
Das hold und voller Zauber,
Dalag, ein reizend Bild.

Und nahm vom Haupt die Krone,
Mit Perlen reich geschmückt,
Und legte sie zu Füssen,
Gar wunderbar entzückt.

Wo eine Perle strahlte
Trat schmuck ein Haus hervor,
Und wo Demante glänzten,
Stieg ein Palast empor.

Und trunken sah das Wunder
Des Königs Aug' gescheh'n,
Durch holden Zaubers Walten
Die stolze Stadt ersteh'n.

Und sprach: „In meinem Reiche
Der schönste Edelstein,
Sollst ewig du die Krone
Der Taunusbäder sein!"

Rundgang durch die Stadt.

(Ehe wir die einzelnen Sehenswürdigkeiten der Stadt in genauer Schilderung vorführen, geben wir zur leichteren Orientirung des Fremden einen kurzgedrängten Rundgang durch die Stadt, der so ziemlich Alles in sich schliesst, was die Beachtung des Cur- und Badgastes verdient. Mit Hülfe des beigegebenen Stadtplanes, dürfte Jedermann in wenig Stunden alles Sehenswerthe auf diese Weise auffinden können. Wir beginnen diesen Rundgang an den beiden Bahnhöfen.)

Die stattliche Platanen-Allee der Wilhelmsstrasse führt von den Bahnhöfen in wenig Minuten r. vom Taunusbahnhof das Victoria-Hôtel, l. das Taunus- und Eisenbahnhôtel — zum Landesmuseum, welches sich l. der Wilhelmsstrasse, deutlich durch seinen stattlichen Bau kennzeichnet. Es enthält die verschiedenen Sammlungen (s. u.). — Dem Landesmuseum gegenüber, etwas durch Gebüsch versteckt, steht die englische Kirche. — Die Wilhelms-Allee weiter hinauf — l. Schmitt's Privathôtel — zeigen sich r. zunächst die neuen Anlagen des sogen. warmen Dammes mit Weiher und Fontaine, die seit 1860—61 angelegt sind. — Ende der Strasse l., das Hôtel und Badhaus zu den vier Jahreszeiten, gegenüber das Theater,

kenntlich an breiter Steintreppe und Säulen-Portal. Im rechten Winkel davon, das Hôtel und Badhaus Nassauer Hof — und auf der anderen Seite, diesem entsprechend, die Dependenz der vier Jahreszeiten, das Hôtel Zais.

In der Mitte des Platzes erhebt sich seit 1. Mai 1866, das von Scholl in Darmstadt und von Kress in Frankfurt gefertigte Schillerdenkmal. Diesem gegenüber r. dehnt sich der prächtige Platz vor dem Cursaal aus, begrenzt von diesem Gebäude. Die Mitte des Platzes zieren zwei schöne Cascaden, während r. und l. die Colonnaden mit reichem Bazar aller Luxusgegenstände die Seiten desselben einschliessen.

Hinter dem Cursaal ein stattlicher Weiher mit Insel und mächtiger Fontaine und in gleicher Richtung weiter, die Wege l.: nach der Kaltwasserheilanstalt Dietenmühle, der Wiesbadener Actienbrauerei und der Ruine Sonnenberg und r.: nach dem sogen. Bierstadter Felsenkeller und dem Dorfe Bierstadt etc.

Vom Cursaal zurück — r. auf der Anhöhe das schöne Palais Pauline

im Alhambra-Style, bewohnt von Sr.
Durchlaucht dem Prinzen Nicolaus —
bis zum **Theater**. — Hier um die
Ecke der Colonnade r., zum Berliner Hof, einem Privat-Logir-
haus. — r. desselben führt der Weg
zur sogen. schönen Aussicht und
oben, abermals r. abzweigeud, zum
Reservoir mit Gartenanlagen und
hübschem Blick auf die Stadt.

Am Berliner Hof beginnt l. die
Trinkhalle. Diese durchschreitend
gelaugt man — r. der Alleesaal
und das Hôtel Wirth, Privatlogir-
häuser — am Ende derselben und in
der Taunusstrasse, zum Eckhaus r.,
dem Hamburger Hof. Von hier r.
zur Geisbergstrasse hinaufsteigend —
l. der russische Hof, Privatlogir-
haus — erreicht man, die erste Strasse
l. abschwenkend, die Capellen-
Strasse, die (nicht zu fehlen, auf
der Berghöhe l. wendend) zur griechischen Capelle führt. Die Geisbergstrasse geraden Weges und bis
zur Höhe verfolgend, oben in der
Richtung l., führt zum neuen Geisberg mit Restauration und schöner
Aussicht.

Unten, am Ende der Trinkhalle,
die Taunusstrasse weiterschreitend, gelangt man in gerader Richtung in die
Elisabethenstrasse (r. Hoffmann's
Privat-Hôtel und l. das Privat-Hôtel
Deutsches Haus)und zum Nerothal
(nicht zu fehlen), worin die Kaltwasserheilanstalt gleichen Namens und die Kaltwasserheilanstalt
Beausite, während der r. nicht zu
fehlende Weg bergauf zur griechischen Capelle führt. Der Fahrweg im Thal führt directen Weges zur
Leichtweisshöhle.

Wir bleiben in der Stadt und gehen
in der Abzweigung der Trinkhalle
l. zum **Kochbrunnen**. R. das Civil-
Hospital und in der Umgebung des
Kochbrunnens die Badhäuser: Römer-
bad r., europäischer Hof,weisses
Ross, weisser Schwan.
Hinter dem Kochbrunnen. durch

die Verengung der Strasse, erreicht
man den Kranzplatz mit der
Hygiea-Gruppe vom Bildhauer Hoffmann in Rom. Hier stehen die Badhäuser Engel, Englischer Hof,
Rose, Spiegel und Bock und in
der nahebeiliegenden Spiegelgasse l.:
der Pariser Hof und das goldne
Kreuz, beide gleichfalls Badhäuser.

Die Langgasse, die grosse Verkehrs-
ader der Stadt, schliesst direct an den
Kranzplatz an. Diese durchwandernd,
l. das Badhaus zur goldnen Kette,
erreicht man die Kreuzung der Webergasse mit der Langgasse. In der ersteren l. die Badhäuser: Stern,
Reichsapfel und Sonnenberg.
In der, am unteren Theile der Webergasse abzweigenden, Burgstrasse das:
Badhaus zum Cölnischen Hof
und in der nebenanliegenden Häfnergasse das Badhaus zu den zwei
Böcken und der Landsberg.

In der Langgasse weiter, l. das
Hôtel und Badhaus zum Bären,
r. die goldne Krone und der
goldne Brunnen. Weiterhin r. Nr.
22 das Postamt und Hôtel und
Badhaus zum Adler. — In der nächsten Strasse r., wenige Schritte bergauf, findet man die Reste der sogen.
Heidenmauer (s. d.) und in der
Langgasse weiter r., den grossen Bauplatz des Schützenhofs, der zur
Zeit noch einer Anzahl zu errichten-
der Gebäude harrt. Auf dem Berge
über demselben thront eine neue stattliche **Schule**.

Ausgangs der Langgasse r. führt
der sogen. Michelsberg, zur neuen
Synagoge r. vorbei; zur Emserstrasse,
wo die Chausseen nach Schwalbach
und Schlangenbad beginnen. (Gleichzeitig Spaziergänge nach der Fasanerie, Clarenthal, dem Holzhackerhäuschen, Chausseehaus und
Schläferskopf und andererseits r.
zur Walkmühle, Adamsthaler-
hof und dem Schiessplatz des Wiesbadener Schützenvereins.

Am Fusse des Michelsberg und

Ende der Langgasse l. einbiegend, gelangt man am (r.) Gasthaus Einhorn vorüber, durch den Thorbogen des alten Uhrthurms und erreicht l. das Herzogliche **Residenzschloss** und r. das alte **Rathhaus**, davor der **Stadtbrunnen**, während l. auf dem grossen Platze die neue **evangelische Hauptkirche** sich erhebt.

Am Rathhause r. und dem Hôtel Grünen Wald r. vorüber, verfolgt man die Marktstrasse, deren Ende — am Schillerplatz mit einer Schillerlinde in eiserner Geländer-Einfassung — das Justizamt l. mit neuem Assisensaal und r. das **Finanz-Collegium** bilden. — l. am Platze das Hôtel de France.

Jenseits des Schillerplatzes, gradaus, erkennt man das stattliche **Ministerial-Gebäude** mit dem Ständesaal, gleichzeitig Wohnung des Staatsministers und Sitz der Bureaus.

Vom Schillerplatz um die Ecke r. — (Finanz-Collegium) die Friedrichsstrasse hinauf, erblickt man schon von Weitem die **Infanterie-Caserne**. Vorher, l. in der Friedrichsstrasse Nr. 16 das Civil-Casino und Nr. 26

die **Polizeidirection**. Bis zur Infanterie-Caserne — in deren Nähe, r. wenige Schritte weiter, der **Faulbrunnen** — dann zurück und an der Infanterie-Caserne vorüber, bis zur nächsten Strasse l..(r. das Militärhospital) der Louisenstrasse. Der Verfolg derselben führt zur l. liegenden neuen **katholischen Kirche**, im Jahr 1866 beendet.

Auf dem Platze vor derselben ein **Obelisk-Denkmal** zur Erinnerung an die Nassauischen Krieger von Waterloo; r. das **Gelehrten-Gymnasium** und l. Nr. 5, wie in der Louisenstrasse Nr. 26 r., die Herzogl. **Münze**.

Die gradlinige Chaussee, welche den Augenpunkt auf dem Louisenplatze bildet, führt nach Biebrich am Rhein (1 St.). r. am Beginn derselben, das neue **Landesbank-Gebäude**.

Wendet man sich vor demselben l., die Allee der Rheinstrasse hinab, so gelangt man an der **Central-Telegraphenstation** (Eckhaus) und dem von **Walderdorff**'schen **Palais** (Nr. 9) vorüber, wieder zum Ausgangspunkte — den beiden **Bahnhöfen**.

Anstalten und Gebäude
zur
Unterhaltung und Erholung der Curgäste.

Das Curhaus, die Colonnaden und der Curhauspark.

Wie in allen Badeorten so bildet auch hier das **Curhaus** (in Wiesbaden ist die Bezeichnung Cursaal geläufiger) den Mittelpunkt alles Badelebens, den Sammelplatz aller Einheimischen und Fremden in den Tagen der eigentlichen Badesaison. Und dies mit vollem Rechte: das Curhaus bietet in jeder Beziehung, mit seinen zweckentsprechenden Umgebungen und Anlagen, ein Etablissement, das den Vergleich mit allen ähnlichen nicht zu scheuen hat.

Den Besucher des Curhauses empfängt, schon bei dem sog. **Theaterplatz** (s. u.) beginnend, eine blumige Anlage (bowling green), eingerahmt von mächtigen Platanen-Allee'n, ge-

krönt und gez'ert von zwei frisch-
sprudelnden Cascaden, die nach einem
Entwurfe des Bildhauers J. J. Gerth
ausgeführt, dem ganzen Platze Leben
und Frische verleihen. Eine besondere
Vorrichtung gestattet eine Beleuchtung dieser Cascaden, die in den Abend-
stunden (in der Regel: Sonntags, Mit-
wochs und Samstags Abends 8—9½
Uhr) von feenhafter Wirkung ist. Unter den terrassenförmigen Schalen sind
Gasleitungen angebracht, welche ent-
zündet in Tausenden von Flämmchen
strahlen, über die sich dann in malerischer Wirkung der Schleierfall der
herabströmenden Wasser breitet.

Die Cascaden werden, mittelst
einer eigenen Wasserleitung, aus
dem in der Nähe vorbeifliessenden
Rambach gespeist.

Die zwei Langseiten des Platzes
begrenzen die beiden

Colonnaden (davon die eine, die
sogen. alte [links] 1825 von Baurath
Zengerle, die neue [rechts] 1839 aufgeführt wurde). Jede derselben hat
eine Länge von 500 Fuss und zählt
eine Reihe von je 46 Säulen.

Die Colonnaden sind nicht allein
eine Zierde des Platzes, sie bieten
auch während ungünstiger Witterung
einen gedeckten und angenehmen Spaziergang. Hier findet gleichzeitig der
Fremde einen Bazar (Luxusgegenstände, Erinnerungsgaben an den Cur-
aufenthalt u. s. f.), welcher in seiner
Mannigfaltigkeit Nichts zu wünschen
übrig lässt.

Den Hintergrund des Platzes bildet
das eigentliche

• Curhaus (350 F. lang), dessen
Porticus in Goldbuchstaben die Inschrift: Fontibus Mattiacis MDCCCX
»Den mattiacischen Quellen
1810« (in Erinnerung an die früheste
geschichtliche Erwähnung des ganzen
Badeortes, S. 13) ziert.

. Den Porticus selbst tragen 6 Säulen jonischer und dessen Seitenhallen
(jede 110 Fuss lang) je 12 Säulen
dorischer Ordnung. Den Abschluss

an beiden Endpunkten des Hauses
bilden zwei gleichmässige Pavillons.

Schon Göthe, gewiss ein sicherer
Gewährsmann in Sachen des guten
Geschmackes, sprach sein gewichtiges
Urtheil über das Gebäude in folgenden
Worten aus:

„Den Freunden der Baukunst wird der
grosse Cursaal, sowie die neu angelegten Strassen Vergnügen und Muster gewähren."
           Göthe. Kunstschätze am Rhein etc.
             * 1814 und 1815.

Der Plan des Gebäudes ist ein
Werk des hochverdienten Baurathes
Zais, an dessen Entwurf auch Herr
von Wollzogen aus Weimar mit thätig
gewesen sein soll. Der Bau selbst
ward auf Kosten einer Actiengesellschaft 1809 in Angriff genommen und
1810 von Zais beendet.

In steter Fortbildung durch zweckentsprechende Veränderungen, Verschönerungen, besonders im Innern
u. s f., wurde das Gebäude nach und
nach zu seiner jetzigen Gestalt um-
gewandelt. Es entspricht den Anforderungen, welche an ein derartiges
Etablissement zu machen sind, in jeder
Beziehung und der jetzigen Administration des Curhauses gebührt das
Verdienst, bis in die neueste Zeit für
dessen Verbesserung und decorative
Ausstattung besorgt gewesen zu sein.

In den vorderen Räumen befinden
sich r. die Bureau's und Casse-
zimmer der Administration und der
Curhaus-Actien-Gesellschaft, l. das Bureau des Herzogl. Cur-Commis-
sariats.

In dem Flügel-Pavillon r. ist das
grossartig ausgestattete Lesecabinet
(S. 37) und in dem Flügel-Pavillon l.
ein, auch im Winter vielbesuchtes,
Caféhaus eingerichtet.

Eine Hauptthüre und r. und l. kleinere Seitenpforten, führen inmitten des
Porticus in den **Hauptsaal.**

Dieser ist 130 F. lang, 60 F. breit,
50 F. hoch und geziert durch 28 ganze
und vier halbe corinthische Säulen
schwarzgrauen Marmors aus den Brü-

2

chen von Villmar an der Lahn (Herzogthum Nassau). Zwei, die ganze
Länge des Saales einnehmende Or-
chester-Gallerien, befinden sich oben
zu beiden Seiten desselben und in der
Mitte über dem Eingang ist eine für
besondere Zwecke reservirte Hof- und
Kronloge angebracht. Die decorative Ausstattung des Saales ward 1863
neu hergestellt und unter Leitung des
Herrn Oberbaurathes Götz vollendet.
Ebenso erhielt der Saal im selben
Jahre, bei zweckentsprechender bau-
licher Veränderung, eine passende Ta-
gesbeleuchtung durch Oberlicht und
er kann nunmehr unbestritten als
einer der schönsten Säle Deutschlands
gelten, von dem schon Zimmermann
sagte:

„man glaube sich bei'm Eintritt in denselben in ein Land der classischen Vorwelt
versetzt."

Bei abendlicher Beleuchtung zeigt
sich der Saal von seiner glänzendsten
Seite.

In dem Hauptsaale selbst werden
an den Festtagen des Landes (Geburtstag des regierenden Herzogs: 24. Juli,
etc.) grosse Bälle veranstaltet; (s. h.)
ausserdem finden darin die bedeutenden Concerte, veranstaltet durch die
Curhausadministration, und ausgeführt
von den ersten Künstlern Deutschlands und des Auslandes (in der Regel
Freitags) statt.

Für das Jahr 1866 sind z. B. 4
grosse Festivals in Aussicht genommen, die in den Monaten Juni, Juli
und August stattfinden sollen. Es sind
davon zwei für deutsche, eins für französische und eins für italienische Mu-
sikaufführungen bestimmt.

Bemerkenswerth sind für den Kunst-
freund die in diesen Räumen und in
dem Pavillon des Lesecabinets (S. 38)
aufgestellten Bildwerke von carrarischem Marmor, welche für
Madame Lätitia Buonaparte, die Mut-
ter Napoleon I., bestimmt waren und
die durch Kauf (1100 Louisd'or), wir
vermögen nicht anzugeben durch wel-

chen Zufall begünstigt, hieher und
in den Besitz der früheren Curhaus-
Actiengesellschaft gekommen sind. Sie
rühren von den Meisterhänden Ghin-
ard's (der *Apollino) in Rom (1787)
und Franzoni's in Carrara her. —
Bemerkenswerth ausserdem der werthvolle l'arquetboden und die sieben bril-
lanten Lüstres des Hauptsaales.

In dem grossen Hauptsaale finden
die regelmässigen Reunions (s. h.)
und zwar an jedem Samstag Abend
während der Curzeit statt. (Näheres
über Eintrittskarten etc. s. h.). Bei
misslicher Witterung werden hier auch
die regelmässigen Militärconcerte abgehalten.

Vom vorderen Eingang rechts, finden wir (vom Hauptsaal getrennt durch
ein kleines Vorzimmer) den sogen.
Reunionssaal in weissem Gypsmarmor, mit dem daranstossenden rothen
Saale in geschmackvoller, äusserer
Ausstattung dem Hauptsaale vollkommen ebenbürtig

Diese Räume dienen in neuerer
Zeit vorzugsweise als Conversations-
säle. Ausnahmsweise werden auch
bestimmte Concerte darin abgehalten.
Beide Säle grenzen einerseits an die
Spielsäle, zu welchen ausserdem
ein Eingang aus dem grossen Hauptsaal (Ende desselben nach dem Garten
zu, r.) und ein fernerer Eingang von
der Gartenseite her, führen.

Die Spielsäle wurden in den Jahren 1865 und 1866 gänzlich renovirt,
gleichfalls durch Oberlicht erhellt und
in trefflicher Weise von dem bekannten Maler Mock in Düsseldorf mit
Malereien ausgeschmückt. In diesen
drei aneinander stossenden Räumlich-
keiten sind die betreffenden Spieltische
aufgestellt.

Man spielt trente et quarante und
Roulette von 11 Uhr Vormittags bis
11 Uhr Abends, in der Zeit vom 1.
April bis 31. December jeden Jahres.

Spielregeln:

1) Kein Satz wird auf's Wort gehalten.

2) Sowie der Ausspielende bei'm trente et quarante gesagt hat: Le jeu est fait! und bei'm Roulette: Rien ne va plus! gilt kein Satz für den Stich mehr, selbst wenn aus Mangel an Zeit das Geld nicht zurückgeschoben werden könnte.

3) Die Bank ist für die Irrthümer, welche unter den Setzenden etwa entstehen, nicht verantwortlich.

4) Sobald bei'm Trente et quarante die Karten geprüft und der Gallerie überliefert sind, ist die Bank für deren Richtigkeit nicht mehr verantwortlich.

5) Für Sätze in falschem oder beschnittenem Geld wird eine Zahlung nicht geleistet.

6) Jede Masse muss offen und unbedeckt gesetzt werden, Papiergeld wird nicht gehalten; mit Ausnahme französischer Banknoten.

Anm. Papiergeld, Banknoten und andere auf den Inhaber lautende Werthpapiere, welche Cours haben, werden an den Spieltischen und auch an der Casse umgewechselt.

7) Darlehen werden von der Bank nicht gegeben.

8) Der höchste Einsatz auf eine Chance bei'm Trente et quarante ist 400 Friedrichsd'or und der niedrigste 7 Gulden; bei'm Roulette der höchste Einsatz auf eine Chance 400 Friedrichsd'or und auf eine Nummer 12 Friedrichsd'or, der niedrigste dagegen 1 Gulden.

9) Fällt ein Geldstück oder ein anderer Gegenstand bei'm Drehen in die Scheibe des Roulette, so gilt der Wurf nicht.

Das ganze Etablissement steht unter Leitung der Curhaus-Actiengesellschaft und die Verwaltung unter Beaufsichtigung der Regierung. Das Cur-Commissariat ist in den Händen der Herzogl. Polizeidirection.

An den Ecksaal der Spielräume grenzen die Lesezimmer (freier Zutritt) die Alles bieten, was der Fremde von einem derartigen Institute nur erwarten darf. Es liegen folgende Journale und Zeitungen auf, zusammen 100 an der Zahl:

Verzeichniss sämmtlicher Journale und Zeitschriften des Lesecabinets im Cursaal:

Deutsche Zeitungen: Deutsche allgemeine Zeitung. — Augsburger allgemeine Zeitung — Wiener Zeitung. — Die Presse. — Militärzeitung. — Neue Preussische Zeitung. — Spener'sche Zeitung. — Elberfelder Zeitung. — Cölnische Zeitung — Hamburger Correspondent. — Hamburger Börsenzeitung. — Weserzeitung. — Neue Frankfurter Zeitung. — Frankfurter Postzeitung. — Frankfurter Journal. — Der Actionär. — Mittelrheinische Zeitung. — Nass. Landeszeitung. — Mainzer Zeitung. — Deutsche Badezeitung. — Didaskalia — Wiesbadener Tageblatt. — Neue freie Presse. — Frankfurter Börsenzeitung. — Berliner Börsenzeitung. — Nationalzeitung. — Pfälzer Zeitung. — Pfälzischer Kurier. — Pesther Lloyd. — Schwalbacher Mercur. — Nassauische Badezeitung. — Wiesbadener Anzeiger. — Jagdzeitung. — Wiener Theater-Chronik. — Verschiedene Cur- und Fremdenlisten von Baden, Ems, Schwalbach etc. —

Der Taunusbote. — Niederrheinische Musikzeitung. — Reisezeitung.

Französische: Le Moniteur universel — Le Constitutionnel. — Le Pays. — La Presse. - Le Siècle - L'Opinion. — Les Débats. — Le Temps. — La Patrie. — La Gazette de France. — Le Journal de Francfort. — Le monde thermale. — Gazette des Eaux. — Revue d'hydrologie medicale. — La Gazette des Tribunaux. — Le Charivari — Le Figaro. — Le Figaro Programme. - L'Echo de Bruxelles. — L'Indépendance. — Le Nord. — L'International. — La France. — Le Chroniqueur. — Le gadée musicale. — La france musicale. — Revue des deux mondes.

Englische: Times. — The Daily News — The Galignani's Messenger. — The Globe. — The Saturday Review. — The Newyork Herald

Holländische: Allgemeen Handelsblad — Rotterdam'sche Courant. — Haarlem'sche Courant.

Den Spielsälen gegenüber, in dem entgegengesetzten Flügel des Hauses (Nordseite) befinden sich die zweckentsprechend eingerichteten **Restaurationslocalitäten**, deren gastronomische Führung unter der bewährten und weit hinaus rühmlich bekannten Leitung des Herrn Chevet aus Paris steht. Es gibt wohl keine Genüsse der Tafel und des Kellers, denen hier nicht entsprochen werden könnte. In Verbindung mit diesen Localitäten steht das schon oben genannte (S. 34), auch von den Einwohnern der Stadt viel frequentirte, **Caféhaus**, im äussern l. Flügel des Hauses (nach dem grossen Platze zu) und gleichzeitig die ausgedehnte Café-Restauration in den Parkanlagen.

Hinter dem Curhaus beginnt der stattliche **Curhauspark**, der sich besonders im Frühjahre 1866 bedeutender Veränderungen zu erfreuen hatte. Die hintere Façade des Curhauses erfuhr schon vor einigen Jahren eine zweckentsprechende Renovation und erhielt über die ganze Längenausdehnung des Gebäudes im Frühjahr 1864 eine hübsche gusseiserne Veranda. Der mehr und mehr gesteigerte Besuch unseres Badeortes machte in der letzten Zeit eine grössere Ausdehnung des freien Platzes hinter dem Curhaus nöthig. Es wurde deshalb mit bedeutenden Kosten eine totale Umwandlung des Weihers vorgenommen, dieser zum Theil ausgeschüttet und weiter hinausgedrängt, inmitten desselben eine kleine Insel angelegt, welche mit dem Lande durch eine hübsche Naturbrücke in Verbindung gesetzt ward und es dürfte nunmehr das Ganze den Bedürfnissen des gesteigerten Fremdenverkehrs in jeder Beziehung entsprechen. Die sämmtlichen Anlagen sind eine Schöpfung des Herzogl. Gartendirectors Herrn Thelemann, des Directors der weithin bekannten Biebricher Gewächshäuser. (s. d.).

In Mitte des Platzes erhebt sich (vorläufig provisorisch) ein Musik-Pavillon, wo in den Nachmittagsstunden von 3—6 Uhr und an den Tagen, wo in der Regel das Theater keine Vorstellungen gibt: Montags, Mittwochs und Freitags von 8—10 Uhr die Herzogl. Regimentsmusik als engagirtes Curorchester unter Leitung ihres Capellmeisters Kéler Béla ihre regelmässigen Concerte gibt, zu denen jedermann durchaus unentgeltlichen und freien Zutritt hat. Die Musikchöre der in Mainz garnisonirenden k. k. östreich. und k. preuss. Truppentheile wechseln mit der Herzogl. Regimentsmusik ab und ziehen geradeso wie diese, stets ein höchst zahlreiches Publikum an. (Weiteres s. h.)

Während der Abend-Concerte findet häufig eine bengalische Beleuchtung der Anlagen, Fontaine etc. statt. Der Platz selbet bietet besonders in den Nachmittagsstunden (4 Uhr) ein höchst belebtes Bild des regsten Bade-Verkehrs und an Sonntagen, wo Frankfurt, Mainz, Darmstadt und das Rheingau ihre, Contingente senden, entwickelt sich ein Leben in diesen

Anlagen, das in seiner Weise gewiss zu den Seltenheiten und gleichzeitig zu den Sehenswürdigkeiten der Stadt gehört. Alle Sprachen und Dialecte klingen zum Ohr, Vertreter aller Nationen verkehren hier im bunten Gemisch und für das Frauenauge bildet die General-Revue der neuesten Moden keine der kleinsten Annehmlichkeiten.

„Sie strömen fern aus allen Zonen her,
Nahi sich der Lenz mit seinem Rosenschritte;
Zu diesen Quellen wogt es über's Meer,
Zu ihnen wogt's aus tiefer Länder Mitte.
Hier sehtIhr jedes Volk und jedes Land,
Verschieden in Gewohnheit, Sprache, Sitte. —
Das kommt, das geht die Sommerzeit entlang,
Es löset ab der Kranke den Gesundhn.
Wie viele sind im steten Wögendrang
Hierher gekommen und hinweg geschwunden!
Es sanken Jahre in der Zeiten Grab,
Und immer wieder heilten hier die Wunden,
Und immer straiften hier sich Schmerzen ab.
Doch spürt Ihr nicht die abgeworfnen Leiden:
Natur lacht ewig, ob am Wanderstab
Auch Tausende hier, liefen Danken, scheiden.

Wolfgang Müller. (Rheinfahrt VIII.)

Dem Teiche selbst entsprudelt zu gewissen Tagesstunden (Nachmittags 5 Uhr) eine ca. 100 F. hohe mächtige **Fontaine**, die ihren Zufluss von einem auf der Berghöhe l. angelegten Reservoir erhält, in dem die frischen Bergwasser von den Höhen der Platte u. s. f. gesammelt werden und welche dann durch natürlichen Druck ihre Strahlen und Wassergarben zu dieser mächtigen Höhe hinan treiben. Den Weiher beleben Goldfische, weisse und schwarze Schwäne und kleinere befiederte Bewohner, türkische und andere ausländische Enten und Schwimmvögel, das Treiben um den paradiesischen Punkt mit seinen Grotten und Baumgruppen wesentlich erhöhend.

An der einen Seite des Parkes (nördlich) ward im Frühjahr 1866 eine

Verbindung durch doppelte Fahrwege hergestellt, die in Zukunft den **Corso** für die vielen Luxuswagen der Stadt und Umgebung bilden wird. — Als Einrahmung des Ganzen thronen in einiger Erhöhung die geschmackvollen **Villen** des Herzogs Ernst von Würtemberg, des Generals von Ziemiecky, des Freiherrn von Erath, des Hofbauinspectors Ippel und andere.

Die Fortsetzungen der Wege vom Cursaal östl. (s. den Stadtplan) führen zur Kaltwasserheilanstalt **Dietenmühle** (s. d.), zur **Wiesbadener Actienbrauerei** (s. d.), Ruine **Sonnenberg** (s. d.) und andererseits zum **Bierstadter Felsenkeller** (s. d.) mit prächtiger Aussicht.

Südlich an die Cursaalanlagen grenzend, schliessen an diese die neuen seit 1860—61 hergerichteten und angepflanzten Parkanlagen und Blumenwege des sogen. **Warmen Dammes** (ca. 28 Morgen), an der westlichen Seite begrenzt von der mächtigen Platanenreihe der Wilhelms-Allee, an der nördlichen durch die neue Colonnade (S. 93) abgeschlossen. Sie bilden jetzt einen der beliebtesten Spaziergänge und dehnen sich fast bis zu den Stationshöfen der beiden Eisenbahnen aus. In deren Mitte entspringt gleichfalls eine Fontaine dem darin angelegten Weiher, bei dessen Herrichtung römische Funde: Geräthe etc. zu Tage traten. — Südl. dieses Platzes die neue englische Kirche. (S. 61.)

Nördlich vom Cursaal, auf der Anhöhe, kenntlich an seinem geschmackvollen malerischen Style: das **Palais Pauline**, bewohnt von Sr. Durchlaucht dem Prinzen Nicolas von Nassau. (Weiteres über das Gebäude S. 66.)

Das Theater.

Dem Curhaus und dessen prächtigem Platze gradüber, erhebt sich das Schillerdenkmal auf dem sogen. Theaterplatz (Wilhelmsplatz), dessen Seiten die grossartigen Hôtels und Badhäuser (l. vier Jahreszeiten u. Hôtel Zais, r. Nassauer Hof) einrahmen, während die eine Seite, nach dem Curhaus hin, offen ist und die vierte von dem Theatergebäude selbst begrenzt wird.

Das **Schillerdenkmal** wurde am 1. Mai 1866 in feierlicher Weise enthüllt und an diesem Tage von einem, für seine Errichtung schon seit Jahren thätigen Schillercomité der Stadt übergeben. Auf einem ca. 18 Fuss hohen Sockel von Heilbronner grünlich-gelbem Sandstein, erhebt sich die ca. 4 Fuss hohe, galvanoplastisch dargestellte Schillerbüste (treu nach Dannecker's Meisterwerk in Stuttgart) während die 4 Seiten von je einer 4 Fuss hohen, gleichfalls galvanoplastisch ausgeführten Musenfigur geschmückt werden. Modell und Entwurf der Büste und der Figuren, sowie des ganzen Denkmals sind von Scholl in Darmstadt, während die galvanoplastische Herstellung von Kress sen. in Frankfurt lieferte. Die ganze Ausführung des Denkmals ist eine anerkennenswerthe und das Monument reiht sich, wenn auch nur Büste, den besseren Säcularmonumenten d. J. 1859 würdig an.

An dem vorerwähnten Hôtel und Badhaus zu den **vier Jahreszeiten** fällt eine über dem Eingangsportal in Goldbuchstaben angebrachte Inschrift auf, sie lautet:

„Curas vacuus hunc adeas locum, ut morborum vacuus abire queas, non satim hic curetar qui curat.“

Sie ist Antonin's Bädern entlehnt und sagt etwa in poetischer Uebertragung:

„Ohne Sorgen komm' zur Quelle,
Willst du frei von Krankheit geh'n,
Denn für den nur sorgt die Welle,
Der die Sorgen lässt verweh'n!“ —

Das Haus selbst ist 1817 von dem Erbauer des Cursaals, Baurath Zais (S. 34) errichtet und Eigenthum der Familie Zais. Im Innern findet sich ein, durch 8 jonische Marmorsäulen geschmückter, prächtiger Speisesaal.

Das gegenüberstehende Hôtel Nassauer Hof (Eigenthum der Gebrüder Götz) besitzt ebenfalls einen neuen prachtvollen Marmorsaal (seit d. J. 1864), dessen Entwurf von dem Oberbau-

rath Hoffmann, dem Erbauer der griechischen Capelle, herrührt. — Der verwendete Marmor ist im Herzogthum Nassau gewonnen (aus Diez und Villmar), bis auf den weissen carrarischen. Die Malerei ist von A. Roth in Wiesbaden, die Figuren in den Fensterbogen von Keil in Berlin.

Ausser den genannten, besitzen die grösseren Gast- u. Badhäuser: **Adler, Bären** und **Rose**, grosse, schöne und z. Th. in jüngster Zeit neu hergestellte Speisesäle.

Das **Theater** ist in den Jahren 1826—28 von dem Baumeister Wolff aus städtischen Fonds und nach dem Vorbilde des Aachener Stadttheaters aufgeführt, als Gebäude in hübschem Styl gehalten, wenn auch heute nicht mehr ganz entsprechend den gesteigerten Anforderungen der letzten Jahre an Platz und Raum. Das Haus ist städtisches Eigenthum.

Die Leistungen des Theaters entsprechen dafür in künstlerischer Beziehung den Ansprüchen, die man an ein wohlgeleitetes und reich dotirtes Institut zu machen berechtigt ist. Das Wiesbadener Theater gehört in seinen Gesammtleistungen den besseren Theatern Deutschlands an und zählt jedenfalls zu den besten. West-Deutschlands. Die Ausstattungsoper entspricht durchaus den Anforderungen der häufig in diesem Punkt verwöhnten Badewelt und einzelne der Mitglieder haben anerkannten Ruf.

Im Sommer gastiren hier ausserdem die erklärtesten Coryphäen deutscher und ausländischer Bühnen — offenbar ein Reizmittel für den Curfremden mehr.

So brachten die letzten Jahre im Schauspiel als Gäste, die Damen: Ristori, Frieb-Blumauer, Niemann-Seebach, O. Genée und die Herren: Bogumil Dawison (der auch in einer Festvorstellung zum Vortheile des Schiller-Denkmals (S. 43) mitwirkte), Theod. Döring und den Komiker Hassel; während in der Oper Bock von Wien, Carl Formes und die Tenore: de Carrion, Roger, Niemann, Theod. Wachtel und Walther, sowie die Sängerinnen: Dustmann-Meyer, Artôt und Ch. Patti gastirten.

Die Verwaltung ist seit ca. 9 Jah-

ren in den Händen des Herrn Inten-
danten Baron von Bose, Kammer-
herrn und Flügeladjutanten Sr. Hoheit
des Herzogs. Als Oberregisseur und
Dramaturg fungirt der als Schriftsteller accreditirte Herr Hermann von
Bequignolles und in decorativer Beziehung ist der auch anderwärts oft

genannte Herr J. Kühn, Schwiegersohn
und Mitarbeiter Mühldorfer's, thätig.

Spieltage sind: Sonntag, Dienstag, Mittwoch, Donnerstag und Samstag; der Anfang
der Vorstellungen in der Regel 6½ Uhr. Zu
aussergewöhnlichen Vorstellungen ist bei der
erwähnten Beschränktheit des Raumes, für den
Curfremden Vorausbestellung der Plätze und
Karten anzurathen. (Theatorcasse im Gebände,
rechts.)

Die Trinkhalle und der Kochbrunnen.

Kochbrunnen und Trinkhalle bilden für die grössere Zahl der Besucher
unseres Heilbades, nächst dem Cursaal
wohl den wichtigsten Punkt.

Die frühsten Morgenstunden sam-
meln hier die Schaaren der Badegäste,
welche nach leiblicher Genesung ver-
langend, die wohlthätigen Wasser des
Hauptbrunnens (Kochbrunnen) curmässig geniessen.

Von dem Cursaal her, Ende der
Wilhelmstrasse, durchschneidet in Gestalt einer Veranda, die Trinkhalle
einen Theil der Taunusstrasse, (200
Schritte lang), während eine Abzweigung derselben (120 Schritte lang) sie
mit dem Kochbrunnen in Verbindung
setzt. Seit 1854 ist diese gusseiserne
Halle errichtet; sie bietet in den eigentlichen Trink- und Curstunden einen
gedeckten Gang zum Schutze der Curgäste bei misslicher Witterung. Im
Jahre 1864—65 wurde das Terrain
derselben wesentlich erbreitert und seit
Frühjahr 1866 ist ein neuer Musik-
pavillon in der Nähe des Kochbrunnens aufgerichtet worden.

In den Morgenstunden von 6 Uhr
ab, ertönen hier, in der Regel mit
einem Choral beginnend, die Klänge
des Theater-Orchesters, bis gegen
8 Uhr, während Kranke und Gesunde
in buntem Gemisch in der Halle selbst
und in der Taunusstrasse auf und nieder wandeln. Auch der Vergnügungs-
reisende und Tourist sollte nicht ver-
säumen, die Frühstunden zu einem De-
such dieser Morgencur zu benutzen.
Die eine Seite der Trinkhalle begrenzt

das Civilhospital, ein unschönes Gebäude mit kleinem Thürmchen, aus dem
Jahre 1732 (renovirt 1822) herrührend,
dessen Beseitigung von dieser Stelle
allseitig angestrebt wird.

Der **Kochbrunnen**, am Be-
ginn der Abzweigung der Trinkhalle, ist
die Hauptquelle der Stadt. In einer
wenig geschmackvollen Einfassung entsprudeln hier der Erde 15 Quellen
(innerhalb der Fassung). Der Brunnen gibt ca. 17 Cubikfuss Wasser per
Minute, in einer Wärme von 55° R.
Ausser dieser besitzt Wiesbaden noch
eine Anzahl anderer Quellen (Adlerquelle, Schützenhofquelle etc., zusammen 23 auf einem Flächenraum von
ca. 2000 ☐Fuss), die indess fast alle
Privatbesitz sind und in den Wärmegraden abwärts bis zu 30° R. va-
riiren.

Der Kochbrunnen und ein Theil
der Schützenhofquelle sind städtisches
Eigenthum. Ersterer speist ausserdem
noch 11 angrenzende Badehäuser (per
Tag ca. 400 Bäder) mit seinem wahrhaft überschwenglichen Wasserreichthum und wirft nach Dr. Müller
97 Centner Kochsalz täglich aus, ab-
gesehen von anderen Bestandtheilen.
In seiner Nähe ist eine Erhöhung der
Temperatur des Bodens um 4—10° R.
wahrzunehmen. Sämmtliche Quellen
Wiesbadens geben zus. 61 Cubikfuss
Wasser per Minute.

Das Wasser des Kochbrunnens ver-
ändert nie, weder Sommers noch Winters, weder bei Tag noch bei Nacht,
seine Temperatur.

Weiteres über den Kochbrunnen and die Wiesbadener Quellen, deren Bestandtheile, Benutzung und Wirkung, s. in dem medicinischen Theile dieses Büchleins, aus der Feder des Herrn Hofrath Dr. Roth. (S. 75.)

Der Fremde, auch der Nichtbadegast, versäume nicht das Wasser zu versuchen. Der Geschmack desselben erinnert an schwache Fleischbrühe, eine Probe ist wirkungslos. Sie wird abgekühlt von der Brunnen-Bedienung gegeben.

In den Morgenstunden werden hier gleichzeitig Molken und zwar durch den Appenzeller Senn: J. D. Herrsche bereitet. Die Preise derselben stellen sich auf 1 kr. per Unze. (6 Unzen, d. h. ein Glas: 6 kr.)

„O wol t, da zieht die Schaar am Brunnen hin,
Verlierend sich in Gärten und Alleen,
In Büschen, hingestreut mit Künstlersinn,
An Teichen, welche holde Kühlung weben;
Denn durch die Kunst wird hier Natur geschmückt.
Rings könnt ihr froh erquickte Menschen sehen;
Ihr schaut in Augen leuchtend und beglückt,
Die sich erfreu'n der frischen Lebenswonne;
Der Krankheit Stachel, der sie scharf gedrückt.
Entweicht in dieses Landes warmer Sonne." —
Wolfg. Müller.

Nahebei auf dem sog. Kranzplatz bemerkt der Fremde ein der Göttin der Gesundheit geweihtes Denkmal (s. Denkmäler, Hygieagruppe).

Inmitten der Stadt finden sich noch einige andere warme Quellen, die indess für Badezwecke nicht nutzbar gemacht sind.

Ein schwachsalzhaltiges Wasser, aber krystallhell, entspringt dem Faulbrunnen, in der Schwalbacherstrasse, Nähe der Infanteriecaserne. Die Quelle hat eine Temperatur von 10° R., wird indess nicht curmässig angewendet, sondern von Fremden und Einheimischen mehr als zuträglicher Haustrank benutzt. Das Wasser riecht schwach nach Schwefelwasserstoff.

Das Marienbrünnchen im Nerothal, versorgt mit seinem klaren Bergquellwasser die Kaltwasserheilanstalt Nerothal (s. d.) und gilt als eine sehr entsprechende Erquickung für die Spaziergänger des besuchten Nerothals. Es hat wie das in der Nähe des Cursaals (hinter der neuen Colonade) entspringende sog. Wiesenbrünnchen (beide 7½° R.) das beste Wasser der Gegend; letzteres ist schwach kohlensäurehaltig.

(Weitere Anstalten und Etablissements zur Erholung und Vergnügung der Curgäste etc. siehe in dem Local- und Vergnügungs-Anzeiger, weiter unten).

Das Landesmuseum und die Sammlungen.

In der Wilhelmstrasse 7 (Ecke der Friedrichsstrasse) erhebt sich der stattliche Bau des Landes-Museums, welches ursprünglich als erbprinzliche Residenz des (hochseligen) Herzogs Wilhelm erbaut, nachmals aber den verschiedenen Sammlungen des Landes mit besonderer fürstlicher Munificenz eingeräumt wurde. Das Haus hiess lange Zeit das »Schlösschen« und ist in hübschem Style 1812 von Baurath Zais (S. 31) errichtet. Das Gebäude wurde 1857 im Innern vollständig umgebaut.

Die Besichtigung sämmtlicher Sammlungen ist unentgeltlich.

Im Erdgeschosse r. befindet sich die *Gemäldegallerie (Sammlung des nass. Kunstvereins, letzterer gestiftet 1847).

(Geöffnet im Sommer Sonnt., Mont., Mittw. und Freitag von 11—4 Uhr, im Winter Mittw. und Sonnt. von 11—4 Uhr). —

Ein Catalog liegt im Locale auf, ausserdem bezeichnet auf Verlangen der Vereinsdiener bereitwilligst die Bilder.

I. Zimmer. (Nur neuere Meister): *L. Kaan (geborner Wiesbadener): Deutsche Kleinstädter. — No. 166. *C. F. Lessing: Waldlandschaft. — *No. 177. A. Achenbach: Ruine bei Abendbeleuchtung. — *J. Becker: Mädchen am Brunnen. — *K. S. Litschauer:

Falschmünzer. — *A. Bool (geborner Wiesbadener): Kreuzgang. — *A. bool: Inneres einer Kirche. — *F. Piloty: Thomas Moorus. — No. 170. Porttmann: Landschaft im Gewitter. — No. 169: Rodde: Westphäl. Landschaft. — *L. von Hössler (geborner Wiesbadener): Adrian Broawer in seinem Atelier. — No. 168. Movins: Rhede von Amsterdam. — No. 175, Simmler: Thierstück. — Derselbe: Thiorstück. — No. 171. Voltz: Hoerde im Gewitter. — No. 167. Ramberg: Kind mit Ziege. — No. 174. Kuller: Scenerie bei Abend. — No. 185: Zimmermann: Landschaft. —

II. Zimmer. No. 6. Andrea del Castagno: Anbetung der hl. 3 Könige. — No. 8. Israel von Mecheln (Mekenen): Kreuzabnahme. — No. 12. Quintin Messis: Maria am Leichnam Christi. — No. 14. J. Bottenhammer: Heil. Familie. — No. 18, A. Dürer: Heil. Familie. — No. 44. J Bottenhammer: Göttermahl. — No. 43 und 45. W. Koboll: Landschaften mit Staffage. —

III. Zimmer. No. 33. G Flink: Dädalus und Icarus. — No. 54. Ludwig Dodel: Portrait Rembrandt's (Copie nach Rembrandt). — No. 55. *J. D. de Heem: Fruchtstück. — No. 62. P. Breughel (der Alte, Bauern-Breughel) Winterlandschaft mit vielen Figuren. — No. 72. A. von Diepenbeck: Copie der Amazonenschlacht von P. P. Rubens. — No. 76. Wilh. v an der Velde, der Jüngere: Seestück. — No. 78, Otto Marcellis (Snuffeler, Marseus): Landschaft mit Blumen. — No. 80. Peter Wouvermans: Pferdestück. — No. 81. Theod. (Dirck) van Bergen: Hirte mit Kühen und Schafen — No. 86. J. Jordaens: Meleager und Atalanta (nach Rubens,.

IV. Zimmer. No. 93. Paris Bordone: Bildniss der Geliebten Amor. — No. 94. Meister unbekannt: Heil. Familie auf der Flucht nach Aegypten. — No. 100. Saccarino: Madonna mit dem Kinde. — No. 101; N. Poussin: Waldlandschaft — No. 102. Salvator Rosa: Soldatengruppe. — No. 117. Giuglo Romano: Attila's Zug nach Rom (Scizze). — No. 133. Phil Furini: Andromeda.

V. Zimmer. (Eckraum nach der Strasse). No. 124. Pietro da Cortona: Schlummernder Amor. — No. 130. Domenichino: Brustbild des h. Chrisostomus. — No. 131. Pietro Notari: Madonnenkopf. — No. 151. J. B. Van-loo: Mars und Venus (verdeckt). — No. 173, *J. Becker: Dorfbrand (Farbenscizze). — W. Sohn: Zigeunerkind. — Geist: Abendlandschaft. — Triebel: Vierwaldstätter See. Triebel: Brienzer See. — C. von Wille: Eber mit Rüden.

VI. Zimmer. No. 107. Carlo Maratti (Maratta): Heil. Familie. — No. 137. Meister unbekannt: Heil. Cäcilia.

In den letzten Zimmern befinden sich hauptsächlich die dem Mittelrheinischen Kunstverein eingesandten, in 4—6 wöchentlichem Turnus wechselnden, neueren Gemälde. —

Gegenüber der Gemäldegallerie, in der Vorhalle (Vestibül) römische Alterthümer: Meilen-Grab- und Denksteine, Funde aus der Umgegend, so ein römischer Grabstein, am Kranzplatz in der Nähe des Kochbrunnens gefunden; zwei röm. Meilensteine, 1858 im Bette des Rheins gefunden, &c. Im Erdgeschoss l. das

* **Museum der Alterthümer** (geöffnet Montags, Mittwochs und Freitags Nachmittags von 3—6 Uhr unentgeltlich. Fremde, welche ausser dieser Zeit die Sammlung zu sehen wünschen, melden sich auf dem Vereinsbureau und Secretariat: Friedrichsstrasse 1, 1 Treppe, l., oder durch den Hof des Museums, l. im zweiten Stock.)

Das Museum besteht erst seit 1821 —1824, und ist von dem Verein für Nassauische Alterthumskunle und Geschichtsforschung begründet, unter dessen Leitung und Verwaltung dasselbe steht. Es gehört zu den reichhaltigsten und werthvollsten Sammlungen (ca 10,000 Gegenstände) dieser Art in Deutschland und enthält römische, germanische und mittelalterliche Alterthümer und zwar: Münzen, Waffen, Geräthe, Urnen, Vasen, Schmucksachen, Bronzen, Siegel, Büsten, Statuen und Statuetten, geschnittene Steine, Basreliefs, Altäre, Steindenkmäler und Inschriften etc., grösstentheils im Lande gefunden. — Besonders werthvoll ist die bedeutende Sammlung *römischer und antiquer Glasgefässe (ca. 400 Stück). Den Grund zur Sammlung legte eine vom Freiherrn Geheimerath von Gerning 1824 angekaufte Privatsammlung.

Um die Ordnung und Bereicherung der Sammlung machten sich hauptsächlich verdient: Herren Regierungsrath E. Neuhof in Homburg, Inspector Kraus in Idstein, Archivar Habel, gegenwärtig auf Schloss Miltenberg am Main, (der sich hauptsächlich für

die Gründung des Museums bemühte),
Pfarrer Luja in Dotzheim. Dorow,
von Gerning, Lehne und in neuerer
Zeit: Kihm, Dr. Rossel und der gegen-
wärtige Secretär des Vereins Dr.
Schalk.

Eintrittszimmer (gegenwärtig 2. Thüre
L., im Vestibül): 'Hochaltar aus der Abtei
Marienstatt bei Hachenburg, vortreffliche Holz-
sculptur aus dem 14. Jahrh. — Altarschrein
aus der Kirche zu Burg-Schwalbach, Anf.
des 16 Jahrh. — Thüre aus dem kurfürstl.
Schlosse zu Oberlahnstein, Schlosserarbeit
des 15. Jahrh. — Zwei Grabdenkmäler
der Grafen von Katzenelnbogen, 1276 und
1315, wichtig für die Costümkunde damaliger
Zeit. — Mittelalterl. Waffen und viel-
fache Holzschnitzereien und Malereien aus den Kirchen des Landes. — Galvanoplastische Büste des Nass. Geschichtsforschers Vogel († 1832).

Im folgenden **Zimmer**: Gypsmodell des im Jahr 1839 von dem Verein auf-
gegrabenen röm. Castells auf dem Heidenberg. — Modell einer röm. Villa bei Marien-
fels, Amt Nastätten, 1849 aufgegraben. — Röm.
Grabfunde und Legionsstempel. — Etrus-
kische und Aegyptische Alterthümer.

Zimmer III: Inschriftliche Monumente; Röm. Grabsteine, Särge u. s. Sculpturen. — Modell der porta nigra zu Trier.

Zimmer IV: Grabfunde aus der
fränkischen Periode, namentlich aus dem Tod-
tenfelde am Dotzheim-Schiersteiner Weg dahier, Rheinhessen u. a. O. — Altgermanische
Grabfunde. — Altgermanisches Frauengrab,
gef. bei Flörsheim, vollständiges Skelett mit
Bronzeschmuck. Waffen und Werkzeuge von
Stein.

Zimmer V: Vortreffliche römische Bronzen. — 'Röm. Militär-Diplom vom Kaiser Trajan, gefunden 1838 im castrum dahier.
— Capricorn von Bronze, Feldzeichen der
22. Legion, gef. 1832 auf der Platte. — Bronze-
Pyramide mit dem Bilde des Jupiter Doli-
chenus, gef. 1841 bei Heddernheim. — 'Bronze-
kanne, einen Jünglingskopf darstellend,
aus der besten Zeit der Aeginae'schen Kunst-
schule. — Lampen, Candelaber, Gefässe aus
Bronze. — 'Röm. Schwertscheide, ge-
triebene Arbeit, gef. 1846 zu Wiesbaden. —
Röm. Spiegel. — An den Wänden reiche Sammlung röm. Schüssel, Ringe und anderer Gegenstände.

Zimmer VI: In der Mitte des Saales
''Mithras-Altar, mit reichem Bildwerk
auf beiden Seiten, in den Ruinen eines unter-
irdischen Gebäudes 1826 zu Heddernheim (no-
vus vicus) gefunden. — In den Schränken:
Urnen, Lampen und Gefässe aus röm. Gräbern,
grösstentheils aus Wiesbaden, Castell und Bingerbrück. — Röm. Sandalen.

Zimmer VII: ''Reiche Sammlung
antiquer Gläser (über 400 Stück) aus der

röm. und sogen. Merovingischen Zeit. — Röm.
Grabfund von Planig bei Creuznach, eine
grosse Glasurne i vier kleineren Glas-
krügen, in der Urn e eine goldene bulla und
Knochenreste. — Grabfund von Flonheim,
Rheinhessen, grosse Glasurne mit kleineren
Glasgefässen. — Alterthümer aus den Pfahl-
bauten der Schweiz. — Fränkische Gräber
von Rüdesheim und Pfullingen (Württemberg).
— An den Wänden zahlreiche römische und
fränkische Schmuckgegenstände.

Zimmer VIII: '' Thürflügel von
Bronze, gef. 1845 in Mainz. — Zahlreiche
röm. Handwerksgeräthschaften. — Amphoren.
Legionsziegel. — Mosaikböden. — An den Wänden röm. Waffen.

Ausser diesen Räumen enthalten die Zimmer auf der anderen Seite des Erdgeschosses
nach dem Hofe zu:

1. **Die Münzsammlung**, bestehend a) aus griechischen (theils
sehr werthvolle Stücke), römischen
(grösstentheils aus der Kaiserzeit), sowie keltischen Münzen; b) aus den
mittelalter]. und neueren Münzen;
(über diese zweite Abtheilung gedruck-
ter Catalog).

2. **Die Sammlung von Siegel-
abgüssen**: die Siegel der Nass. Grafen, Dynasten, Herren, Klöster, Städte,
Zünfte u. s. fast vollständig.

3. **Die ethnographische Sammlung**: Waffen, Gerätschaften, Klei-
dungsstücke, meistens von den malayi-
schen Inseln.

Zur Besichtigung dieser zuletzt genannten
Sammlungen, sowie der Bibliothek und des Ar-
chivs des Vereins, ist eine Anmeldung auf dem
Vereinsbureau (S. 56) und zwar bei dem Ver-
eins-Secretär Herrn Dr. Schalk erforderlich.

Im selben Gebäude, 1 Treppe
höher (Eingang durch die Mittelthür),
befinden sich die Sammlungen des
Naturhistorischen Vereins (Verein für Naturkunde im Herzogthum
Nassau), die 1829 begründet wurden.

Das naturhistorische Museum

(geöffnet Sonnt. und Mittw. von 11—1 Uhr
Morg. und 2—6 Uhr Nachm. und Mont. von
2—6 Uhr Nachmittags unentgeldlich.)

besitzt vor allem in paläontolo-
gischer und geognostischer Beziehung
in den ehemal. Sammlungen der Gebrüder Dr. Fridolin und Quido Sand-

berger, bemerkenswerthe Schätze. Ebenso zahlreich und wohlgeordnet sind
die Conchylien, Vögel und Schmetter-
linge; letztere durch eine Sammlung
des bereits oben erwähnten Freiherrn
von Gerning begründet.
Der mittlere grosse Saal dient im
Winter zu Versammlungen und Vor-
trägen des naturhistor. und Alterthums-
Vereins.

Vom Mittel-Saal in die erste Thür r.,

I. Zimmer: Mineralien, Vögel and Con-
chylien, Versteinerungen.
II. Zimmer: 'Conchylien, Fische in Spi-
ritus, Scelette.—Riesen-Schildkröte. — 'Hechts-
kopf-Alligator (Alligator lucius, Cüv.) vom Mis-
sissippi. — Hübsche Thiergruppen dicht bei'm
Durchgang.
Zimmer l. (vom Eingangssaale r. die 2.
Thür): Conchylien, Fische und Fischscelette.
Sägefisch (Pristis antiquorum L.), auf dem
Schranke.
Im Nohrsaal r. Vierfüsser· Indischer Ele-
phant, Giraffe, Elena, Elennhirsch, Elephanten-
Scelett, Nashorn and Nilpferd (Hippopotamus
Amphibius, Lin.), Löwe, Tiger etc.

Nun zurück in den gegenüberlie-
genden Flügel, l. vom Eingang.

I. Saal: Conchylien, 'prachtvolle
Seegewächse und Corallen, Schlangen,
Reptilien in Spiritus.
II. Saal: Vögel und Eier.
III. grosser Ecksaal: Vögel. — r.
hübsche Vogelgruppen (Brut).
Von diesem Saal, in der Ecke, nach dem
Hofe l., zwei Säle: Mineralien und Muscheln,
sehr reichhaltig.

☞ Die treffliche Sammlung In-
und ausländischer Schmetter-
linge und Käfer ist in Schränken
verschlossen. Meldung bei dem stets
anwesenden Diener des Vereins.

Das oberste Stockwerk des Gebäudes enthält die seit 1821 begrün-
dete Landesbibliothek, die hier
in 10 grossen Räumen und in muster-
hafter Ordnung aufgestellt ist. J. Wei-
tzel († 1817) auch als Schriftsteller
bekannt, war hier Bibliothekar. Gegenwärtig ist auch der um Nassauische
Alterthumsforschung hochverdiente Dr.
Rossel an der Bibliothek beschäftigt.

Die Landesbibliothek·

(Geöffnet Mont., Mittw. und Freitag von
10—12 Uhr Morg. und 2—5 Uhr Nachmittags,
unentgeltlich)

ist gleichzeitig mit einem zweckentsprechenden Lesecabinet. verbunden. Bücher sind gegen Schein
eines Wiesbadener Bürgers jeder
Zeit unentgeltlich zu entleihen.

Beachtenswerth sind: Werthvolle alte
Handschriften (Schloss-Codexauf Papier); die
Membrancodices der Visionen der heil. Hildegard
(13. Jahrh.) und der hl. Elisabeth von Schönau,
Codices mit ausgezeichnetsten Miniaturgemälden;
ferner Incunabeln: Mainzer Drucke von 1460—
62 und 1497, werthvolle Klosterschätze und
Kupferwerke über Architectur und Kunst, sowie vornehmlich medicinische (Badeliteratur),
historische, naturwissenschaftliche, biographi-
sche Werke und Schriften und Reisebeschrei-
bungen (deutsch, französisch und englisch)
aus. ca. 70,000 Bände.

☞ Für Fremde sind die Sammlungen auch ausser den Eröffnungsstunden, durch Vermittlung des Con-
servators Römer (im Hofe des Mu-
seumsgebäudes r.) zu besichtigen.

Sehenswürdigkeiten und öffentliche Gebäude.

Aelteste Baudenkmale Wiesbaden's.

Die sogen. Heidenmauer.

Ein in neuerer Zeit durch Bauten
und örtliche Veränderungen unterbro-
chenes, fast 600 Fuss langes Stück
römischer Gussmauer findet sich
am sogen. alten Friedhof inmitten der
Stadt. Stellenweise erhebt sich diese,
nach. neueren Forschungen nur aus
römischen Fragmenten, Tempelresten
und römischen Votivsteinen errichtete

Mauer, noch ca. 9 Fuss über dem Boden und zeigt, indess ebenfalls nur stellenweise, noch eine Breite von ca. 9 Fuss. Innerhalb des alten Friedhofes sind neuerdings schöne Pro me - n a d e n angelegt und von hier aus, sowie aus dem Hause und Garten des Herrn Walther, Heidenberg 2, ist das Mauerwerk am deutlichsten zu besichtigen.

Ueber die Zeit der Erbauung und Zweck derselben ist mit Sicherheit Nichts festzustellen. Man glaubt, dass die Mauer dazu diente eine Verbindung zwischen der Stadt und dem ehemal. röm. Castell (s. u.) herzustellen, eine Meinung, die indess bestritten wird.

(Weg dahin: Aus der Mitte der Langgasse r., wenige Schritte zum Heidenberg hinauf, l., (s. Rundgang S. 30)).

Das Römer-Castell.

Im J. 1838 wurde auf der Höhe des Heidenbergs das S. 14 erwähnte Castell in seinen Grundmauern aufgegraben. Letztere sind seitdem aber wieder niedergelegt und heute nicht mehr sichtbar. Ein Modell dieses Castells befindet sich im Museum (S. 50 —52); ebendaselbst die 1838 dort gefundenen Gegenstände: Waffen, Münzen etc.

Römische Bäder und röm. Gräber.

Wie schon S. 15. angedeutet, treten fast nach allen Richtungen in und ausserhalb der Stadt, Reste römischer Bäder und Gräber zu Tage. Das Römerbad am Kochbrunnen bewahrt die Ueberbleibsel eines solchen Bades, ebenso wie im Herbst 1864 Ruinen römischer Gebäude und Badeanlagen (in Badhaus zum weissen Roos (neben dem Römerbad) gefunden wurden. Legionsziegel gen.: Leg. XIIII. G., deuten auf die Erbauer hin. — Am 3. und 4. Mai 1866 wurden, dicht bei der Quelle des Schützhofes (S. 15.) die Substructionen römischer Bäder, sowie die Reste der Wasserleitungen zu denselben, aufgedeckt.

Römische und germanische Gräber fand man fast in allen Richtungen. Am 24. Januar 1866 traten bei Ausgrabung des Cursaal-Welbers auch 8 germanische Gräber zu Tage; der Inhalt, der gewöhnliche germanischer Gräber, gelangte in das Museum (S. 47). Eine grosse Urne von schwarzgrauem Thon konnte wieder zusammengefügt werden, in ihr lagen mannigfache kleinere Gefässe, Schalen, Näpfe und Knochenreste. Ein Stein mit den Buchstaben D. M. (Diis manibus, den Schattengöttern; der auf röm. Grabsteinen vorkommenden Inschrift), bezeichnet die Fundstelle. —

Die Kirchen.

Die evangelische Hauptkirche. (Marktplatz).

Es war am 22. September 1853 als zu dem schönen Gotteshause der Grundstein gelegt wurde. Seit dem 13. November 1862 steht es vollendet da. Fünf schlanke, kühne Thürme (der höchste und mittlere ca. 300 Fuss hoch) erheben sich stolz zu den Wolken und kennzeichnen auf weite Entfernungen hin dies Bauwerk als das imposanteste der Stadt. Herr Oberbaurath Boos schuf dies grossartige Gebäude. —

Die Kirche ist im combinirt romanisch-gothischen Styl, das Grundund eigentliche Kirchenmauerwerk in Bruchsteinen, das Aeussere aber in geschliffenen Backsteinen aufgeführt. Die Ornamente und Gesimse sind aus gebranntem Thon.

„Sie ist durchbrochen von spitzbogigen Schallfenstern, aber gegürtet mit horizontalen Ornamenten und Gallerien; ebenso wie das Kirchengebäude selbst, mit seinen 3 Schiffen eine gelungene Verbindung des horizontalen mit dem emporstrebenden, deutschen Spitzbogen überall zeigt."

Die technische Aufführung unter der Oberleitung des genannten Herrn Oberbaurath Boos, führte Herr Stadtbaumeister Fach aus.

Die Kirche hat eine Länge von

205 Fuss, eine Breite von ca. 70 und
eine Höhe der Portalseite von ca. 100
Fuss. — (Seitenschiffe mit Emporen.)
8 Pfeiler trennen zu beiden Seiten das
hohe Mittelschiff von den niedrigeren
Seitenschiffen. Das Hauptschiff enthält 20 Pfeiler und 19 grosse Fenster.
Schön ist das Portal (ca. 50 Fuss
hoch) und die kunstreich in Eichen-
holz geschnitzte Thür des Portal-Ein-
gangs. Ersteres ist in gebranntem
Thon ausgeführt und kostet ca. 7000
Gulden. — Die Schnitzereien der Thür
lieferte Bildhauer Leimer in Wiesbaden; sie ist eine Stiftung der Geschwister Philipp und Elise Zimmermann.

Das Innere schmücken *fünf
Colossalstatuen aus weissem Marmor: Christus und die 4 Evangelisten
(l. Johannes, r. Matth'lus, und an den
Seiten Lucas und Marcus) die im
Chore aufgestellt sind. Der Entwurf,
sowie der grössere Theil der Ausführung derselben, ist von dem trefflichen
Meister Prof. E. Hopfgarten († 1856)
der auch den prachtvollen Sarcophag
in der griech. Capelle (S. 64.) schuf. —
Der Boden ist in Mosaik (Mettlacher
bunte Platten) ausgeführt.

Das Mittelfenster zeigt in Glas-
malerei: »die Ausgiessung des heil.
Geistes,« es ist in München angefer-
tigt und ein Geschenk der hochsel.
Herzogin Pauline und Sr. Hoheit des
Herzogs Adolph. Oben das Würtem-
bergische und Nassauische Wappen.
Die übrigen 14 Fenster in den Seiten-
schiffen haben bunte Ornamente in
Glas, in München und Mainz gefertigt.

Die treffliche Orgel ist von Wal-
ker in Ludwigsburg. Sie kostete 15,000
Gulden, hat 53 Register und wird sehr
gerühmt.

Die Kanzel in broncirtem Eisen-
guss lieferten Gebrüder Mack und
Vombach in Frankfurt (hübsche Treppe
in Bronze).

Die Altardecke ist in Hanau
gefertigt (800 Fl.) und eine Stiftung
der Frauen und Jungfrauen der Stadt.

Der Altar selbst, in weissem carrarischem Marmor ward in Mainz ge-
arbeitet. Seitwärts des Chores die
Logen für den Herzogl. Hof.

Unter der Orgelbühne, dem Altar
gegenüber, ein Christuskopf, Geschenk des Bildhauers Hoffmann in
Rom (S. 60).

Das Besteigen des Thurmes lohnt
eine treffliche *Aussicht. — 164
Stufen führen bis zur Wohnung des
Kirchendieners; 187 Stufen zur Plat-
form und 576 zur höchsten Gallerie.

(Der Kirchendiener Pimmel begleitet auch
hinauf.)

Unterwegs bei'm Hinaufsteigen bemerkenswerth: das treffliche Uhrwerk
der Haupt- und Normaluhr von
Schwilgué (Gebrüder Unger) in Strass-
burg. Das Zifferblatt derselben hat
8 Fuss und 4 Zoll im Durchmesser.
Das treffliche Glockenspiel (a —
die grösste, cis — die zweite, e — die
dritte, gis — die vierte und a — die sogen.
Kinderglocke) ist von Meister Hamm in
Frankenthal gegossen. Sie sind seit
1862 aufgehängt.

Die Spitzen der 3 höchsten Thürme
haben goldne Kreuze und auf der
Spitze des halbrunden Chordaches ist
der vergoldete Hahn der abgebrann-
ten St. Mauritiuskirche (S. 74) angebracht.

Um das ganze Gebäude läuft oben
in der Höhe des Daches ein doppelter
Umgang.

(An der r. Seite des Portaleinganges befindet sich ein deutlich sichtbarer Schellenzug
für den Kirchendiener. Bei Besichtigung (ausser den Stunden des Gottesdienstes) 18—21 kr.
Trinkgeld per Person an denselben; Gesellschaften im Verhältniss.)

(Ueber den Gottesdienst der verschiedenen
Religionsgesellschaften s. weiter unten.)

Die katholische Kirche
(Louisenplatz).

Sie dankt ihre Entstehung nächst
der Municenz des regierenden Herzogs Adolph, dem um die Erbauung
der griech. Capelle (S. 62) hochverdienten Oberbaurath Hoffmann und

entstand in den Jahren 1844—49, während ihre zwei stattlichen Thürme erst in den Jahren 1865—66 vollendet wurden. (Grundsteinlegung der Kirche am 5. Juni 1845).

Die Hauptanlage und Construction dieses Baues beruht auf dem Principe des germanischen (gothischen) Styls, in Verbindung mit dem Rundbogen und den Motiven der romanischen Ornamentik.

Dabei ist vermöge einer mehr gegliederten Durchbildung der schwerfälligen romanischen Bauelemente eine verwandtere Beziehung zu den schlanken Gebilden des germanischen Styls hergestellt, und in dieser Vereinigung die einfache Grossartigkeit der romanischen Kirchenarchitectur mit der vollendeten Feinheit und Zierlichkeit der germanischen Formengestaltung, in harmonischer Zusammenstimmung zur Anschauung gebracht worden.

Das Gotteshaus ist ein dreischiffiger Hallenbau mit Querschiff und kreisförmigem Chorabschlusse. Das Portal und die Hauptfaçade mit reicher Ornamentik und Verzierungen sind besonders beachtenswerth, ebenso wie die schön durchbrochenen schlanken Thürme. Die Kirche wurde im Juni 1849 eingeweiht.

Im Innern befinden sich zwei gute Altargemälde (r. vom Hochaltar): eine Madonna mit dem Kinde von Steinle und (l. vom Hochaltar) der heil. Bonifacius (der Schutzpatron der Kirche) von A. Rethel.

In die Wände der Kirche sind 14 Stationen in gebranntem Thon eingelassen.

Ausserdem besitzt dies Gotteshaus noch einige andere und ältere z. Th. werthvolle Gemälde; so (beim Eingang l.) einen »Christus vom Oelberg kommend« (spanischer Meister), ein Geschenk des Prinzen Peter von Oldenburg. Ferner: »die Geburt des Heilandes« (an der Sei-

tenwand, r. vom Hochaltar); »Christus am Kreuz« (an der Seitenwand, l. vom Hochaltar) und eine »Auferstehung« (vom Eingang r.); sämmtlich muthmasslich Niederländer.

In der sogen. Taufcapelle, worin ein hübscher Taufstein in Marmor, finden sich noch eine »Kreuzabnahme« und eine *heilige Familie; letzteres ist wohl das werthvollste der älteren Bilder.

Eine gründliche Renovation dieser älteren Bildwerke, besonders des letzteren, wäre dringend zu wünschen.

Am Hochaltar erheben sich 15 Heiligen-Statuen, von denen die 5 grösseren durch den Bildhauer K. Hoffmann in Rom, die 6 kleineren von Bildhauer Vogel in Wiesbaden und die 4 kleinsten (oben), darstellend: Moses, David, Abraham und Melchisedec von Prof. E. Hopfgarten (S. 64) gefertigt wurden. Ebenso beachtenswerth ist der Kopf im Giebelfelde »Gott Vater« gleichfalls von Hopfgarten. Die Ornamente am Hochaltar lieferte der Bildhauer Wenck.

Die Orgel ist von Vogt in Igstadt; sie hat 32 Register und kostete 4000 Gulden. Die Kanzel ist in Holz geschnitzt und broncirt, ein Werk der Schreiner A. Dochnahl und Th. Mühl in Wiesbaden. Gegenüber der Kanzel die Statue: St. Adolphus. —

Die Kirche besitzt schöne und kostbare Paramente und Messgewänder zum Theil aus der Abtei Eberbach.

Die drei Hauptglocken stammen aus dem Kloster Bornhofen vom Jahre 1444. Die neue Glocke wiegt 69 Centner und kostet 6500 Gulden.

In der Regel ist die Kirche geöffnet. Der Küster Hartmann wohnt nahebei, in der Louisenstrasse 32, im Hofe hinten links. Trinkgeld an denselben 18—24 kr. per Person; Gesellschaften im Verhältniss.

Die englische Kirche
(Frankfurter Strasse).

Sie erhebt sich inmitten der neuen Anlagen des sogen. warmen Dammes, an der Frankfurterstrasse und ist in geschliffenen Backsteinen in den Jahren 1863—1865 vom Oberbaurath Götz aufgeführt.

Der Grundstein wurde am 8. Juni 1863 von dem englischen Gesandten (des deutschen Bundestags in Frankfurt) gelegt und am 22. Juli 1865 ward die Kirche vom Erzbischof von Armagh eingeweiht.

Die Kirche fasst ca. 300 Personen. Der Bauplatz ist ein Geschenk Sr. Hoheit des Herzogs. Der Bau kostete ca. 38,000 Gulden (2750 Pfd. Sterl.), welche sämmtlich aus freiwilligen Beiträgen zusammengebracht wurden. Die Stadt als solche, die Domäne, die Bürger Wiesbadens betheiligten sich an den Zeichnungen für den Baufond, während drei Viertheile der Baukosten durch Engländer aufgebracht wurden. Der englische Pfarrer der Kirche, Herr J. Brine machte sich um die Erbauung besonders verdient.

Sehenswerth sind im Innern: drei Fenster über dem Altar von Messrs. Wailes in New-Castle, mit Darstellungen aus der Leidensgeschichte Jesu und der biblischen Geschichte (Joseph, Isaak und Elias); sie sind ein Geschenk des englischen Pfarrers Herrn Brine. Ausserdem ein hübscher Taufstein von nassauischem Marmor und eine kleine, aber treffliche Orgel.

Die Synagoge.

Als Ersatz für die ältere Synagoge in der Schwalbacher Strasse, worin jetzt noch der israelitische Gottesdienst abgehalten wird (s. h.), ist soeben auf dem Michelsberg ein neuer prächtiger Bau im Entstehen, der von Oberbaurath Hoffmann aufgeführt, der Stadt nach Vollendung zu neuer Zierde gereichen wird.

Der Bau bildet ein längliches von vier niederen Kuppelthurmen flankirtes Rechteck mit einem in der Mitte der Langseiten vortretenden Querbaue, worüber sich bis zu einer Höhe von 110 Fuss die Hauptkuppel erheben wird. Das Innere gestaltet sich durch die vier freistehenden Kuppelpfeiler zu einem dreischiffigen Raume mit Emporbühnen in den Seitenschiffen für die Frauen, und einer Orgelbühne über dem westlichen Haupteingange. Dem letzteren gegenüber befindet sich die auf Stufen erhöhte, durch die heilige Thüre zugängliche, Teranische. Die Kuppelthürme enthalten die Treppen zu den Bühnen, und kleine Zimmer für den Rabiner und die Frauen. Der Bau aus weissgrauem Sandstein in modificirtem maurischen Style errichtet, wird ca. 500 Personen fassen, und wahrscheinlich bis zum Anfange des Jahres 1868 vollendet sein.

Wenn auch ca. ¼ St. von der Stadt entfernt, zählt doch zu deren Gotteshäusern:

Die griechische Capelle
(auf dem Neroberg).

(Weg dahin: Durch die Taunusstrasse in's Nerothal, dann Fahrweg r. zu Berg (20 Min.); — oder an der Trinkhalle abweichend, r. zur Geisbergstrasse, dann l. die erste Strasse (Capellenstrasse) verfolgend, bis zum Waldrande (Wegweiser). Hier l. wendend, in ca. 30 Min.; — oder auch auf dem Fusspfade durch's Dambachthal (s. a.) in ca. 30 Min.).

Die griechische Capelle ist in Wahrheit ein Schmuckstein im Kranze der Wiesbadener Baudenkmale und findet wohl in Deutschland schwerlich ihres Gleichen. Weithin strahlt sie von einer mässigen Berghöhe herab und stromauf, stromab leuchtet sie dem Wanderer auf meilenweite Entfernungen entgegen. Sie ist das ganze Jahr hindurch das Wanderziel Tausender von Touristen.

Dies Prachtwerk der Baukunst ist von Oberbaurath Hoffmann (S. 58) errichtet und seit dem 14. Mai 1855 vollendet und eingeweiht. Die Capelle dient als Gruftkirche der verstorbenen Herzogin Elisabeth Michailowna, Grossfürstin von Russland († 28. Januar 1845), zu deren Gedächtniss Herzog Adolph dieses Gotteshaus aufführen liess.

Der seltene Bau in byzantinisch-russischem Centralbau-Style hat fünf reichvergoldete Kuppeln mit Doppelkreuzen und Ketten; die mittelste der Kuppeln erhebt sich ca. 189 Fuss über den Boden.

Das Aeussere, ganz in gleichmässig gewähltem hellgrauem Sandstein fesselt schon durch seine reiche und prachtvolle Ornamentik und durch eine in jeder Hinsicht geschmackvolle Architectur. Der Grundriss bildet ein griechisches Kreuz.

Vor der Kirche (618 F.) eine prächtige Rundschau auf das Rheinthal und Mainz und l. auf die Taunusberge.

Das Innere ist (mit Ausnahme der Mittagszeit) in allen Tagesstunden zu besichtigen. Sonntags, sowie an russischen Kirchentagen, während des Gottesdienstes von 10—11½ Uhr) ist die Capelle für die Besichtigung geschlossen. Der Castellan wohnt seitwärts r., in einem in russischem Klosterbaustyle errichteten Wohnhaus. Darin gleichzeitig eine Militärwache. An Sommer-Sonntagen (Nachmittags) ist der Besuch häufig so zahlreich, dass der Einlass nur nach Geduldsproben zu ermöglichen ist. Der Eingang ist an der Westseite.

Zu dem inneren Bau ist grösstentheils nur nassauischer Marmor (bis auf den weissen und wenige Theile des gelben und mäusegrauen aus Carrara) verwendet. Beachtenswerth ist: der Marmormosaikboden von J. P. Leonhardt in Villmar, die trefflichen Ornamente und der *Fries in Arabesken und symbolischen Thier-Gruppen; (von E. Leonhardt in Villmar). Der nassauische Marmor stammt fast sämmtlich aus Villmar an der Lahn, im Herzogthum Nassau. — Die in Wasserglasmanier ausgeführte Malerei in den Zwickel- und Kuppelfeldern

(Bilder der Propheten und Evangelisten, in letzteren musicirende Engel darstellend), ist vom Maler Prof. Aug. Hopfgarten in Berlin.

Oestlich befindet sich der von Lundberg und Giuseppe Magnani in Carrara ausgeführte Altar (Ikonostas), welcher indess in der Regel geschlossen ist. Vor demselben eine reichvergoldete, holzgeschnitzte Thür, die nur bei dem Gottesdienst mit dem Allerheiligsten geöffnet wird.

Der Altar selbst zeigt ein schönes Glasgemälde des Heilands, aus der Glasmalereianstalt in München. An den beiden Seiten des Altars in 8 verschiedenen Nischen sind treffliche *Oelgemälde auf Goldgrund, gestiftet von der Grossfürstin Helene von Russland, angebracht und zwar:

Madonna mit dem Kinde, Christus, Erzengel Gabriel und Michael und in den äusseren Abtheilungen, links: St. Catharina und Helena und rechts: St. Elisabeth und St. Nicolas, als Schutzpatrone der zur Zeit lebenden kaiserlich russischen Familienglieder. Diese Gemälde sind sämmtlich von Neff in Petersburg.

Die Medaillons über dem Fries stellen von l. nach r. die Heiligen dar:

Georg, Constantin, Anna, Basilius, Johannes, Magdalena, Wladimir und Alexandra. In der Mitte „das Abendmahl". — Höher die Bilder von Mathäus, Marcus, Lucas, Johannes, Paulus und Petrus in Lebensgrösse.

Der *Sarcophag, [links, in einer eigens dazu erbauten Rotunde] mit lebensgrosser, schlafender Figur der dahingeschiedenen Fürstin, in weissem Marmor, ist wohl das künstlerisch Werthvollste in diesem zauberhaften Gotteshaus. Ein Meisterwerk des berühmten, leider zu früh verstorbenen, Professors Hopfgarten [s. Biebrich und S. 57]. Die Ecken des Sarcophags sind geziert durch die symbolischen Figuren: Glaube, Liebe, Hoffnung und Unsterblichkeit; an den Langseiten zwölf Apostelstatuetten. Durch die durchbrochene Kuppel vom Oberlicht erhellt und gehoben, übt dieses Wunderwerk einen unvergesslichen Eindruck aus.

Dem Sarcophag gegenüber, eine Thür mit bunten Glasscheiben und hübscher * Aussicht auf die Stadt.

Jeden Sonntag 10 Uhr ist hier griechisch-katholischer Gottesdienst, celebrirt durch einen griech. kathol. Geistlichen nach griech. kathol. Ritus.

Dicht bei der Wohnung des Ver-walters [S. 63] am Berge, ein russi-scher **Friedhof**, mit einer Todtenca-pelle und einzelnen hübschen Grab-steinen.

Von hier zum Norisberg in 8 Min. (s. Umgebung). Oben Wirthschaft und prachtvolle Rundschau.

Das Herzogliche Residenz-Schloss.

Das **Herzogliche Schloss** (Markt-platz) ward in den Jahren 1837—40 nach einem Plane des Oberbauraths Moller in Darmstadt, unter der Lei-tung des Oberbauraths Görz auf-geführt. Es ist, wenn auch äusser-lich nicht von überwältigendem Ein-drucke, nichtsdestoweniger ein Pracht-gebäude, dessen innere treffliche und zweckmässige Einrichtung und Aus-stattung mustergiltig genannt werden kann. Gediegen und reich ohne Ueber-ladung, geschmackvoll und künstler-isch geordnet.

An dem Rundbau tragen 6 Säu-len einen Altan, über dem das Her-zoglich Nassauische Wappen ange-bracht ist, an den Rundbau selbst aber schliessen sich zwei lange drei-stöckige Seitenflügel.

(Das Innere ist in Abwesenheit des Hofes stets zu besichtigen. Meldung: im Mittelein-gang des Seitenflügels, gegenüber der evangel. Kirche (H. 55).

Im grossen * **Treppenhause** [prächtig eingerichtet]: **acht lebens-grosse Statuen** von **Schwanthaler.** — Zwei grosse Prachtvasen von Malachit und zwei dergleichen mit kunstvoller Malerei [Anbetung des goldenen Kalbes und Auffindung Mo-ses], Geschenke Sr. Majestät des Kai-sers von Russland.

Im **Empfangszimmer** Ihrer Ho-heit der Frau Herzogin: zwei Sèv-res-Vasen, schöne Deckengemälde und ein prachtvoller Mosaik-Parquet-boden.

Im **Billardzimmer**: gute Jagd-stücke, Oelgemälde von Prestel.

In den **Gesellschaftszimmern**: schön gemalte Vasen, prächtige Thüren in ungarischem Eschen-holz.

Tanzsaal mit Gemälden al fresco [pompejanische Manier]; beachtens-werthe Perspective durch die Spiegel. — Die Gesimsverzierungen und Stuc-caturarbeiten sind von den Gebrüdern Walther und Wolf, die Malereien von Pose in Düsseldorf.

Durch den **Wintergarten** in den grossen **Speisesaal** [in dem auch die Eröffnung des Landtages statt-zufinden pflegt]. Der Saal, in weis-sem Gypsmarmor, besitzt zwei treff-liche * **Figuren** von **Schwanthaler** [spanische Tänzerinnen], von bedeut-endem Werthe.

Folgt der: **Concertsaal** mit Fres-komalereien von Pose in Düsseldorf und schönen Nebensälen, worin grös-sere Hoffeste, Bälle &c. abgehalten werden.

Nach dem Hofe zu verdient die **Reitbahn**, mit hübsch construirter Decke, Beachtung

Der auf Säulen ruhende **Marstall** hat Raum für 60 Pferde.

Die * **Silberkammer** ist wohl eine der werthvollsten Deutschlands.

3

Das Palais Pauline.

(Sonnenberger-Chaussee, Nähe des Cursaals.)

Das im Alhambra-Style in den Jahren 1841—43 vom Oberbaurath Th. Götz als Villa und Wittwensitz der verstorbenen [6. Juli 1856] hochseeligen Herzogin Pauline erbaute schmucke Gebäude, liegt auf sanfter Anhöhe, inmitten duftiger Anlagen und malerischer, blühender Bosquets. — Der Dachrand der zwei achteckigen Pavillons an den Flügeln, ist mit allegorischen Figuren vom Bildhauer Vogel geziert. Auch der Hof zeigt den maurischen Styl. Drei Flügel umgeben ihn; innerhalb desselben: Springbrunnen — Oben schöne "Aussicht. . Gegenwärtig wird das Palais von Sr. Durchlaucht dem Prinzen Nicolas bewohnt.

Oeffentliche und Verwaltungsgebäude.

Das Ministerialgebäude [Ecke der Louisen- und Marktstrasse] im byzantinischen Style 1838—42 vom Oberbaurath Boos gebaut, ist Sitz des Herzoglichen Ministeriums und gleichzeitig Wohnung des Staats-Ministers, Sr. Durchlaucht des Prinzen von Wittgenstein. Es befinden sich auch in demselben die Ministerial-Bureau's und die Bureau's der Rechnungskammer, sowie der Ständesaal für die Kammerverhandlungen. Im Jahre 1854 litt das Gebäude durch Brand [23. September] und ward nach diesem im Innern zweckmässig umgestaltet.

Das Landesbankgebäude [Rheinstrasse] ist seit 1863 vom Oberbaurath Görz erbaut und zeichnet sich neben entsprechender innerer Einrichtung, durch schöne Verhältnisse in der äusseren Erscheinung aus.

Das Justizgebäude [Ecke des Schillerplatzes, in der Friedrichstrasse], ist ebenfalls vom Oberbaurath Görz i. J. 1863 vollendet. Es ist z. Th. in geschliffenen Backziegeln ausgeführt und enthält unter anderem auch den Schwurgerichts- [Assisen] Saal.

Das Rathhaus [Marktplatz] ward 1609 unter der Regierung des Grafen Ludwig von Nassau - Saarbrücken errichtet und 1828 umgebaut. Ueber der Thür das Wappen der Stadt. Der etwas altfränkische Bau sieht einer baldigen Renovation und Umgestaltung entgegen.

Im Innern: Interessante Holzgetäfel des alten Rathhauses (im Saal). Meldung. Eintritt erlaubt.

Vor demselben der **Stadtbrunnen**, aus dem Jahr 1567 [renovirt und neu gefasst 1753]. Er zeigt auf dem Capitäl den Nassau'schen Löwen [vergoldet] und die drei Lilien [gold auf azurblauem Felde], das Wappen der Stadt.

Die Infanterie-Caserne [Schwalbacherstrasse] ist ein stattliches Gebäude, nach Plänen des Baudirectors Götz errichtet. Es besteht aus einem Hauptbau und zwei halbmondförmigen Flügeln. Den Hauptbau ziert eine Trophäe vom Hofbildhauer Scholl in Darmstadt [in Stein] mit den Colossalbüsten des Mars und der Minerva und den Emblemen des Krieges. Den Vorplatz schliesst ein gusseisernes Lanzengitter ab; davor zwei colossale Löwen. Am Frontispice die Inschrift:

Wilhelmus Dux Nassoviae Militibus: MDCCCXVIII.

[Wilhelm, Herzog zu Nassau, den Kriegern, 1818.]

In der Nähe der Infanterie-Caserne das **Militärhospital** und die **Militärschule** [Cadettenschule].

Die Artillerie-Caserne [Louisenstrasse und Rheinstrasse] ist

ein in Quadratform errichtetes, baulich
weniger interessantes Gebäude von
bedeutender Ausdehnung, mit Remisen
und Stallungen.

Das Civil-Hospital [am
Kochbrunnen, siehe S. 46].

Der Staatsbahnhof [Rhein-
strasse]. Im Jahre 1860 wird derselbe seiner Bestimmung übergeben.
Es ist ein stattliches, durchaus seiner Bestimmung entsprechendes Gebäude.

(Weiteres: Tarife. Anschlüsse &c. s. im
Anhang.)

Der Taunusbahnhof
[Rheinstrasse] sieht einer baulichen
Veränderung entgegen [Weiteres im
Anhang.] Das Gebäude stammt aus
dem Jahre 1840. Die Bahn selbst
ist eine der ältesten Deutschlands.

Das neue Schulgebäude
auf dem Michelsberg, ist seit 1863
vollendet und vom Oberbaurath Hoffmann erbaut. Darin befindet sich eine
Turnhalle, der Betsaal der deutschkatholischen Gemeinde u. s. f. —
Ebenso verdienen noch der Erwähnung das **Marktschulgebäude**, die
Gebäude des **Gelehrten-Gymnasi-
ums** (Louisenplatz), des **Realgym-
nasiums** und der **Münze**, die Schule
in der Lehrgasse u. s. —

Monumente.

Die **Hygieagruppe** auf dem
Kranzplatz (Nähe des Kochbrunnens),
wurde am 8. August 1850 enthüllt
und eingeweiht. Sie ist ein Werk
des Bildhauers Hoffmann, eines gebornen Wiesbadeners, jetzt in Rom.
Das Denkmal ist in carrarischem
Marmor ausgeführt. Es erhebt sich
auf hohem Sandsteinsockel und stellt
die Göttin der Gesundheit dar, welche
umgeben von zwei Kindergestalten,
der einen derselben, einem Mädchen,
die Schale der Genesung bietet. Auf
der andern Seite nimmt ein Knabe,
der ihr freudig den Kranz des Dan-
kes für seine Herstellung dargeboten,
von ihr Abschied. Die Composition
wird allseitig als trefflich anerkannt
und das Ganze ist ein bezeichnendes
Standbild für die quellenreiche und
genesungspendende Stadt.

Das **Waterloo-Denkmal**
(auf dem Louisenplatz, vor der katholischen Kirche). In Obeliskform und
in hellem Sandstein ausgeführt, ward
das Denkmal 1865 gesetzt und eingeweiht. Es ist: „Zum Gedächtniss
der am 18. Juni 1815 in der Schlacht
bei Waterloo gefallenen Nassauer"

errichtet. — Plan und Zeichnung dazu, sind nach Angabe des Herrn General von Breidbach-Bürresheim vom
Oberbaurath Hoffmann entworfen und
von Seiner Hoheit dem Herzoge ge-
nehmigt. Bildhauer J. J. Gerth hat
danach ein Gypsmodell angefertigt.

Die Ausführung unternahmen, unter Leitung des Herrn Oberbauraths
Hoffmann (S. 62), die Herren Gebrüder
Dormann in Wiesbaden. Das Monument trägt in Gold die Namens-
inschriften der gefallenen nassauischen
Krieger jenes Tages. Zeichnung und
Modell der galvanoplastischen Verzierungen sind von dem Bildhauer
Schics, einem gebornen Wiesbadener.
(Bisher in Berlin und Schüler Drake's.)
Die plastischen Verzierungen sind
in Zinkguss galvanoplastisch verkup-
fert und von der renommirten Fabrik
von Geis in Berlin ausgeführt.

Um Errichtung des Monuments
machte sich besonders der Herr General von Breidbach-Bürresheim (der
bei Waterloo mitgefochten) sehr verdient.

Das **Schillerdenkmal** (s.
S. 48).

Die Friedhöfe.

Der **alte Friedhof** (inmitten der Stadt (S. 55), ist nicht mehr in Benutzung. Schöne Promenaden und Spazierwege. Er ist insbesondere interessant durch die sogen. Heidenmauer (S. 53)

Der **neue Friedhof**, durch prächtige Lage und schöne Anpflanzungen, sowie durch einzelne schöne Denkmale hiesiger und auswärtiger Bildhauer geziert, ist einer der schönsten Friedhöfe Deutschlands. Er liegt nordwestlich der Stadt auf mässig ansteigender Höhe (Chaussee nach Limburg, 15 Min. von der Stadt) und ist seit 1832 angelegt; in neuerer Zeit einigemale (1853 und 1865) erweitert. In Mitte desselben befindet sich ein Leichenhaus. Seitwärts desselben r. (älterer Theil), ein vom Meister Drake in Berlin in Sandstein (innen carrarischer und nassauischer Marmor) ausgeführtes und mit 7 trefflichen Figuren geziertes **Mausoleum** der verstorbenen Herzogin Pauline, einer geb. Prinzessin von Würtemberg (S. 67). Der Besuch des Friedhofs ist lohnend.

Der **russische Friedhof** neben der griechischen Capelle. (S. 66.) Einzelne schöne Grabmale.

Der **israelitische Friedhof**, nordöstlich der Stadt (9 Min.) auf mässiger Höhe, in hübscher Lage. Oben schöne Aussicht.

Die öffentlichen und freien Plätze.

Der **Marktplatz** (in directer Verbindung mit dem Schlossplatz) ist umgeben von der evangelischen Hauptkirche (S. 55), dem Herzogl. Residenzschloss (S. 65), dem Rathhaus (S. 67) und dem Marktschulgebäude. Inmitten desselben der Stadtbrunnen (S. 68). — Den einen der Zugänge zu demselben beherrscht der Uhrthurm, ehemals das oberste Stadtthor Wiesbadens und ein Rest mittelalterlicher Befestigungen; eine der ältesten Baudenkmale der Stadt, wenn auch gerade keine Zierde derselben. — Der Thurm ist im 14. Jahrhundert erbaut, 1753 renovirt worden und besass bisher die Normaluhr der Stadt.

Der **Kranzplatz** (bepflanzt mit Kugelacazien) mit dem Hygieadenkmal (S. 69) und den Badhäusern: zur Rose (Hôtel), englischer Hof, Spiegel, Engel und Bock. In nächster Nähe desselben:

Der **Kochbrunnenplatz** mit dem Kochbrunnen und den Badhäusern: Römerbad, Europäischer Hof, Schwan und weisses Ross. An der einen Seite desselben das Civil-Hospital (S. 46)

Der **Louisenplatz**, mit der katholischen Kirche (S. 58), dem Waterloodenkmal (S. 69), dem Gelehrten- und dem Real-Gymnasium, der Münze und dem Landesbankgebäude (S. 67).

Der **Schillerplatz**, mit der Schillerlinde in eiserner Geländer-Einfassung [gepflanzt bei'm Schillerjubiläum 1859], dem Finanzcollegium, dem Justizgebäude [S. 67], und dem Hôtel de France. In der Nähe das Ministerialgebäude [S. 67] und das Casino.

Der **Theaterplatz** [Wilhelmsplatz] in der Nähe des Cursaals, mit dem Schillerdenkmal [S. 48], den Cascaden [S. 83], den beiden Colonnaden [S. 33], dem Theater [S. 44], den Hôtels zu den vier Jahreszeiten [S. 43] und Nassauer Hof [S. 44]. — Es ist der stattlichste und imponirendste der Plätze innerhalb der Stadt.

Der **Mauritiusplatz**, inmitten der Stadt, an die Kirchgasse grenzend. Auf diesem Platze stand die am 27. Juli 1850 abgebrannte St. Mauritiuskirche (Fruchtmarkt).

Local-Führer.

(Sämmtliche Etablissements sind in alphabetischer Reihenfolge angegeben).

☞ Alle in dieser Aufstellung fehlenden Etablissements suche man S. 91 unter: Vergnügungs- und Unterhaltungsanzeiger. — Die Special-Notizen der einzelnen Etablissements, verdanke ich den Herren Besitzern derselben. Sie sind genau, soweit es der Raum gestattete, nach deren Aufzeichnungen wiedergegeben.

Ford. Hey'l.

Gast- und Badhäuser.

Adler (Post). Besitzer: Erben Schlichter. — 100 Zimmer. — 46 Bäder, darunter einige mit Marmorfassung. — Garten am Hause. — Eigene Quelle. — Post im Hause. — Table d'hôte um 1 Uhr. Langgasse 22.

Bären. Besitzer: Otto Freitag. — 140 Zimmer. — 60 Bäder, s. Th. in Porcellan eingefasst. — 12 heizbare Bäder. — Dampf- und Douchebäder. — Restaurant à la carte und Diners à part. — Conversations-Salon mit Lectüre. — Im Winter Pensionspreise. — Langgasse 41. —

Cölnischer Hof. Besitzer: Ad. Sabel. — 72 Zimmer. — 30 Bäder. — Im Winter geheizte Badezimmer. — Table d'hôte um 1 Uhr. — Im Winter Privatwohnungen. — Kleine Burgstrasse 6. —

Nassauer Hof. Besitzer: Gebr. Götz. — 100 Zimmer. — 25 Bäder, meistens in Marmor gefasst. — Table d'hôte um 1 und 5 Uhr. — Diners à part. — Wagen im Hause. — Neben dem Theater, Nähe des Cursaals. — Theaterplatz 3. —

Rose. Besitzer: Alten & Häffner. — 100 Zimmer und Salons. — 52 Bäder, alle in Marmor gefasst. — Table d'hôte um 1 Uhr (1 fl. 12 kr.) und um 5 Uhr (2 fl.) — Diners à part. — Garten. — Nähe des Kochbrunnens und der Trinkhalle. — Kranzplatz 7, 8 und 9. —

Vier Jahreszeiten. Besitzerin: Frau Dr. Ad. Zais Wwe. — 140 Zimmer, 10 Salons und 9 Balcons. — 40 Bäder; davon 20 Einzelcabinette, deren Bäder in Marmor gefasst. — 4 Süsswasserbäder mit Doucheapparaten. — Table d'hôte um 1 Uhr und um 5 Uhr, vom Mai bis zum November. — Diners à part. — Wagen im Hause. — Theaterplatz 1 und 2. —

Badhäuser.
(alphabetisch.)

Adler (s. o.).
Bären (s. o.).
Cölnischer Hof (s. o.).
Engel. Besitzer: G. L. Neuendorff. — 100 Zimmer. — 35 Bäder mit 3 Reservoirs für 80 Bäder; 2 Bäder in weissem Marmor, 2 Bade-Cabinette für die Winter-Saison mit Glasverschluss und Heizung; Dampf- und Douchebäder. — Preis: 1 Bad mit Wäsche 24 kr. — Auch Pensionspreise im Winter. — Kein Ser-

vice. — Bougies 12 kr. — Diners à part. — Café, Thee, Chocolade 24 kr. per Portion. — Salon mit Zeitungen und Lecture. — Nahe dem Kochbrunnen und der Trinkhalle. — Kranzplatz 6. —

Englischer Hof. Besitzer: Jos. Berthold. — 70 Zimmer und Salons. — 80 Bäder, grössten Theils in weissem Marmor gefasst. — Im Winter Pensionspreise. — Restauration nach der Karte. — Diners nach Bestellung. — Nähe des Kochbrunnens und der Trinkhalle. — Kranzplatz 11.

Europäischer Hof. Besitzer: Ph. Chr. Hoffmann. — 60 Zimmer, 33 Bäder. — Auch Bäder zur Wintercur und Dampfbad. — Diners à part. — Restauration nach der Karte. – Dicht am Kochbrunnen und der Trinkhalle. — Kochbrunnenplatz 5.

Goldener Brunnen. Besitzer: F. W. Käsebier. — 26 Zimmer, 13 Bäder, darunter 2 grössere. -- Hauptquelle dicht am Badhause. — Dampfbootexpedition im Hause. — Langgasse 24.

Goldene Kette. Besitzer: Chr. Wendenlus. — Langgasse 51.

Goldenes Kreuz. Besitzer: J. Dressler. — 46 Zimmer. — 29 Bäder. — Spiegelgasse 10.

Goldene Krone. Besitzer: M. Wolf. — 74 Zimmer. — 30 Bäder, darunter ein Dampfbad. — Langgasse 26.

Goldenes Ross. Besitzer: Geschwister Rossel — 18 Zimmer. 14 Bäder. — Ein Bad: 10, 12 und 18 kr. — Goldgasse 7.

Landsberg. Besitzer: Gerhard, Häfnergasse 6.

Nassauer Hof (s. o.).

Pariser Hof. Besitzerin: Frau A. M. Bücher. — Spiegelgasse 9.

Reichsapfel. Besitzer: Jul. Havemann. — 45 Zimmer. — 28 Bäder und Reservoir für 20 Bäder.

— Nähe des Cursaals und Theaters. — Webergasse 9.

Römerbad. Besitzer: Ph. D. Herber. — Kochbrunnenplatz 3.

Rose (s. o.).

Schwarzer Bock. Besitzer: Aug. Theod. Schäfer. — 60 Zimmer. — 35 Bäder, Douche- und Dampfbäder. - Garten. — Nahe dem Kochbrunnen. — Kranzplatz 12.

Sonnenberg. Besitzer: G. D. Schmidt. — 20 Zimmer. — 16 Bäder. — Nähe des Cursaals und Theaters. — Spiegelgasse 1.

Spiegel. Besitzer: H. Burmester. — 65 Zimmer. — 38 Bäder. — Darunter 4 heizbare Bäder für Wintercuren und 12 in Marmor gefasst. — Nähe des Kochbrunnens und der Trinkhalle. — Kranzplatz 10.

Stadt Creuznach. Besitzer: J. Easelborn, kl. Webergasse 4.

Stern. Besitzer: Hönick und Bauer. . — 50 Zimmer. — 24 Bäder. — Diners à part und Restauration à la carte. — Im Winter Pensionspreise. — Nähe des Cursaals und des Theaters. — Webergasse 8.

Vier Jahreszeiten (s. o.).

Weisse Lilien. Besitzer: Carl Hoffmann. — 26 Zimmer. — 20 Bäder. — Unfern des Theaters und des Cursaals. — Häfnergasse 8.

Weisses Ross. Besitzer: Heinr. Herz. — 72 Zimmer. — 36 Bäder, davon 14 durchaus in Marmor gefasst. Dicht bei'm Kochbrunnen und der Trinkhalle. — Kochbrunnenplatz 2.

Weisser Schwan. Besitzerin: J. L. A. Keck Wwe. — 32 Zimmer. — 32 Bäder und 1 Dampfbad. — Nächste Nähe des Kochbrunnens und der Trinkhalle. — Kochbrunnenplatz 1.

Zwei Böcke. Besitzer: W. Beckel. — 42 Zimmer. — 19 Bäder. — Neubau. — Unfern des Cursaals und des Theaters. — Häfnergasse 12.

Hôtels und Gasthäuser.

Adler (s. o.).

Bären (s. o.).

Badischer Hof. Besitzer: C. Grelmel, Nerostrasse 7.

Bairischer Hof. Besitzer: Gg. Reinemer. — 12 Zimmer, zu 30 und 36 kr. — Auch Pensionspreise. — Restauration. — Mittagstisch zu 18 und 24 kr. o. W. — Frankfurter Bier. — Billard und Kegelbahn. — Garten. — Kirchgasse 28.

Cölnischer Hof (s. o.).

Einhorn. Besitzer: Gg. Birlenbach. — Marktstrasse 84.

Eisenbahnhôtel. Besitzer: F. Duensing. — Rheinstrasse 1s.

Grüner Wald. Besitzer: Phil. Anthes. — Marktstrasse 10.

Hôtel de France. Besitzer: Jos. Haber. — 84 Zimmer nud Salons. — Table d'hôte in der Saison um 5 Uhr. — Diners à part und Restauration. — Pensionspreise im Winter. - Garten, Stallung und Remisen. — Schillerplatz 1.

Hôtel Giess. Besitzer: Louis Giess. — 9 Zimmer. — Diners à part von 12—2 Uhr, zu 30 kr. und höher. — Diners nach 2 Uhr: 1 fl. 12 kr. — Restauration à la carte. — Bairisch und Mainzer Bier. — Mühlgasse 3.

Nassauer Hof (s. o.)

Nommenhof. Besitzer: Fr. Hilcher. Kirchgasse 27.

Rose (s. o.)

Stadt Coblenz. Besitzer: Ad. Bär. — Vom 1. Juni an während der Saison table d'hôte um 1 Uhr (1 fl. 12 kr.; mit Wein 1 fl. 42 kr.) — Auch Pensionspreise. — Diners à part. — Gewöhnliches Mittagessen 36 kr. — Mühlgasse 7.

Tannenbaum. Besitzer: Phil. Schumacher. — 18 Zimmer. — Table d'hôte um 1 Uhr, 30 kr. per Couv. o. Wein, in den Monaten Mai bis incl. September. — Frühstück 24 kr. — Burgstrasse 18.

Tannenhôtel. Besitzer: Wilh. Bertram. — Rheinstrasse 9.

Weisses Lämmchen. Besitzer: G. Hilcher. 30 Zimmer. — Diners à part. — Café und Restauration à la carte jederzeit. — Auch Bier im Glas. — Brauerei mit Gastwirthschaft. — Marktstrasse 14.

Weisse Taube. Besitzerin: Frau S. Birnbaum Wwe. — 24 Zimmer zu 16, 24, 36, 48 kr. bis 1 fl. — Mittagstisch zu 16, 20, 24 und 36 kr. — Auch Bier im Glas. — Neugasse 15.

Victoria-Hôtel. Besitzer: Helbach und Holzapfel. — Rheinstrasse 1.

Vier Jahreszeiten (s. o.).

Württemberger Hof. Besitzer: E. Günther. — Kirchgasse 35.

Privathôtels und Logirhäuser (Hôtel garnis).

Alleesaal. Besitzer: Carl Rücker, 30 Zimmer. — Gegenüber der Trinkhalle. — Taunusstrasse 8.

Berliner Hof. Besitzer: Christ. Krell. — Privathôtel. — Garten und Anlagen. · Hauptsächlich für Familienwohnungen. — Stallung und Remisen. — Nächste Nähe der Trinkhalle, des Kochbrunnens, des Theaters und des Cursaals. — Schöne Lage. — Taunusstrasse 1.

Block'sches Haus. (Hôtel garni.) Besitzer: Revisionsrath Fr. Gärtner. Wilhelmstrasse 19.

Deutsches Haus. Besitzer: Christian Müller. — Möblirte Herrschaftswohnungen. — Stallung und Remisen. — Grosser Garten. —

Schöne Lage. — Eingang des Nerothals. — Röderstrasse 38.

Habel's Privathôtel. Besitzer: W. Habel, Wilhelmstrasse 16.

Hamburger Hof. Besitzer: Aug. Maurer. — 15 Zimmer und Salons. — Auch Familienwohnungen, 1 Salon mit Schlafzimmer (2—3 Betten) im Sommer: 18, 25, 30 fl. per Woche, im Winter 40, 50, 60 fl. per Monat. — 2 Zimmer (2 Betten) im Sommer: 12, 15, 18 fl. per Woche, im Winter: 25 bis 30 fl. per Monat. — 1 Zimmer per Tag 48 kr. bis 1 fl. — Frühstück 18, 24—36 kr. — Diners à part nach Bestellung zu 48 kr., 1 fl., und 1 fl. 12 kr. o. W. — Gegenüber der Trinkhalle, Taunusstrasse 11.

Hoffmann's Privathôtel. Besitzer: Georg Hoffmann. — Elegante Zimmer: I. und II. Stock. —

Schöne Lage. — Balcon. — Taunusstrasse 39.

Hôtel Broussin. Besitzer: Alphonse Broussin. — Zimmer von 7—50 fl. per Woche. — Im Winter auch Pensionspreise. — Warme Bäder im Zimmer. — Bougies: 15 kr. — Café oder Thee complet: 24 kr. — Frühstück und Diners à la carte. — Taunusstrasse 6.

Hôtel Wirth. Besitzer: Fr. Wirth, Taunusstrasse 9.

Russischer Hof. Besitzer: C. Mühl, Geisbergstrasse 4.

Schmitt's Privathôtel. Besitzer: Carl Wermlnghoff. — Grosser Garten. — Neu und comfortable eingerichtet. — Salons und Zimmer. — Schöne Lage, Mitte der neuen Anlagen. — Wilhelmsstrasse 10.

Wenz Privathôtel. Besitzer: H. Wenz, Spiegelgasse 4.

Restaurationen In der Stadt.

(alphabetisch.)

W. Catta (J. Assmann). Oberwebergasse 88. — Homöopathische Küche nach ärztlicher Vorschrift. — Essen ausser dem Hause per Port. 30 kr. und höher; auch Im Hause.

Cheret, C. J., im Cursaal (s. S. 39.)

Christmann, C., jun., Webergasse 6.

Duensing, F. F., Eisenbahnhôtel, Rheinstrasse 1a.

Engel, Wwe. H., Langgasse 36. — Auch Bier Im Glas. — Table d'hôte um 1 Uhr, 36 kr. ohne Wein. — Restauration und Diners à part.

Hahn, Friedr., Spiegelgasse 15.

Huck, Wwe. M., Webergasse 21. — Table d'hôte zweimal, um 1 Uhr (42 kr. o. W.) und um 5 Uhr (1 fl. o. W.) — Restauration und Diners à part zu 2 fl. 20 kr. und höher. — Auch Nürnberger Bier in Flaschen.

Lamsbach, Christ., Webergasse 40. — Mittagstisch von 18 kr. an und höher.

Lugembühl, Wilh., Webergasse 25. — Mittagstisch an verschiedenen Preisen, von 12 Uhr ab. — Restauration à la carte, zu jeder Zeit. — Auch Flaschenbier.

Müller, Richard, zur Loreley, Nerostrasse 33. — Mittagstisch um 1 Uhr: im Abonnement 30 kr., ausser Abonnement und ausser dem Hause 36 kr., Restauration à la carte. — Chemnitzer Schloss-Lagerbier In Flaschen à 18 kr und Mainzer Actienbier, im Glas und in Flaschen.

Petri, C., zum Café doré, Taunusstrasse 26.

Paths, J., Langgasse 11.

Schmidt, Alexander, Langgasse 49. 1 Treppe hoch. — 5 Zimmer. — Table d'hôte um 1 Uhr für 42 kr.

ohne Wein. — Restauration und
Diners à part zu 1 fl. und höher.
— Nürnberger, Münchener und
Mainzer Actienbier, im Glas und in
Flaschen.
Spehner, J. (Hôtel Spehner), Burg-
strasse 9.
Spitz, J. (Gutenberg), Nerostrasse
24. — Von 12—2 Uhr Mittagstisch
von 18 kr. an und höher. — Auch
Glasbier.
Stadt Frankfurt (G. J. Kim-
mel), Webergasse 37.
H. Sulzer, Burgstrasse 10. — De-
licatessen und Charcuterichandlung.
— Restaurant und Austernstube.
— Ausländische Weine und Biere.

— Frühstückslocal. — 12 Zimmer
zu vermiethen.
Union restaurant. Besitzer:
Louis Schäfer, Taunusstrasse 41.
— Fabrik moussirender Getränke.
— Table d'hôte vom 1. Mai ab
nm 1 Uhr, vom 1. Juni ab bis
1. October um 1 Uhr und 5 Uhr.
— Preise: Im Abonnement um 1
Uhr 36 kr. und um 5 Uhr 48 kr.
Ausser Abonnement 42 kr. und 1
fl. — Diners à part und Restau-
ration à la carte. — Norddeutsches
Frühstück in ganzen und halben
Portionen.
Weygandt, Val., (Muckerhöhle),
Goldgasse 31.

Israelitische Restaurationen.

Bär, M , Goldgasse 6.
Nabel, Ad., Cölnischer Hof (S. 73).

Stadt Coblenz, A. Bär, (s. S. 78).

Restaurationen und Wirthschaften in nächster Nähe
der Stadt.

Actienbrauerei. (Volk), Son-
nenberger Chaussee.
Adolphshöhe (C. Prinz). Bieb-
richer Chaussee.
Beausite (Herz) Restaurant. (Wei-
teres s. S. 89.)
Dietenmühle, W. Schüssler.
Ditt, A., Bierstadter Felsenkeller
(Besitzer: G. Bücher). — Garten-
anlagen, Nähe des Cursaals, schöne
Aussicht auf die Stadt und Um-
gebung. — Restauration à la carte.
Café, Wein und Bier, letzteres
direct aus dem Felsenkeller.

Miller, Richard, zur „Loreley", in
der Elisabethenstrasse, Sommer-
Etablissement. — Restauration à
la carte. — Chemnitzer Schloss
Lagerbier und Mainzer Actienbier.
— Garten (S. 80.)
Müller, G. Ph., Felsenkeller, Stift-
strasse 16.
Nerobeg (diverse Wirthschaften).
**Schlessplatz des Schützen-
vereins,** an der Walkmühle.
Wirth: Wilh. Mahr
Weiss, E., Gelsbergstrasse 22,
(Neuer Gelsberg).

Bierwirthschaften.

Aumüller, S., (Burg Nassau)
Schachtstrasse 1.
Bücher, Friedrich, (Nonnenhof),
Kirchgasse 27.

Bücher, Georg, (weisses Lamm),
Marktstrasse 14 (S. 78).
Demme, W., (Felsenkeller), Tau-
nusstrasse 12.

Duensing, F., (Eisenbahnhôtel) Rheinstrasse 1a.
Engel, Wwe. H., Langgasse 36. (8. 79).
Freimaheim, Wwe., (goldenes Lamm), Metzgergasse 26.
Greimel, C., (Badischer Hof), Nerostrasse 7.
Mahm, Friedr., Spiegelgasse 15.
Hôtel Giessa, Mühlgasse 3, (8. 77.)
Kimmel, G. J., (Stadt Frankfurt), Webergasse 37.
Maurer, Ad., Geisbergstrasse 1.
Müller, Rich., zur Loreley, (8. 80 und 8. 82).
Müller, C. F., (3 Könige), Marktstrasse 28.

Müller, G. Ph., (Felsenkeller), Stiftstrasse 16.
Poths, J., Langgasse 11.
Reinemer, Gg., (Bairischer Hof), Kirchgasse 28 (8. 77).
Schäfer, F. Th., (Theaterbuffet). im Theater.
Scheurer, H., Goldgasse 2.
Schmidt, Alex., Langgasse 49, (8. 80).
Spitz, J., (Gutenberg), Nerostrasse 24.
Werm, Wwe., Nerostrasse 25.
Weygandt, V, (Muckerböhle), Goldgasse 21.
Württemberger Hof(E. Günther), Kirchgasse 38.

Caféhäuser.

Chevet, C. J., im Cursaal (8. 39 und 8. 79). Café per Tasse 9 kr.
Café doré (C. Petri), Taunusstrasse 26 (Billard).

Café de Paris (Fr. Franke), Burgstrasse 8 (Billard).
Gage, hinter der alten Colonnade, (Waffeln).

Conditoreien mit Salons.

Räder, Ad, Hofconditor, Webegasse 12. — Eis, Café, Chocolade, Liqueurs etc.

Werm, Heinr., Spiegelgasse 4. — Eis. Café. Chocolade, Liqueurs etc.

Adressbuch. Ein gut redigirtes, vom Bürgermeintereigehülfen Wilh. Jost herausgegebenes, Adressbuch von Wiesbaden (bereits im 7. Jahrgang erschienen), ist in allen Buchhandlungen zu haben. Preis: 1 fl. 12 kr. — Das Adressbuch liegt in allen Hôtels und Privathäusern auf.
Aerzte und deren Sprechstunden (alphabetisch)
Alefeld, Dr. F., Bataillonsarzt. (9—10 Morg. und 2—3 Nachm.) Mühlg. 4.
Bickel, Dr. G., Medicinalrath und Stadtphysikus, (7—9 Morg. und 1—3 Nachm.) Louisenstrasse 14.
Confeld, Dr., Arzt der Kaltwasser-

heilanstalt Nerothal (daselbst) Morgens 7 bis Abends 7 Uhr.
Densser, Dr. Wilh., Medicinalaccessist am Civilhospital (i. 8. 7—8, i. W. 8—9 und 2—4 Uhr Nachm.) Saalgasse 34.
Dörr, Dr. Ludwig, Regimentsarzt (Morg. 8—9, Nachm. 1—3 Uhr), Louisenstrasse 29.
Fritze. Dr. Wilh., Geheimerath (Morg. 8—9, Nachm. 3—4 U.) Rheinstrasse 20.
Fritze, Dr. Ernst jun., Medicinalaccessist am Civilhospital (Morg. 8—9, Nachm. 3—4 Uhr.) Kochbrunnenplatz 2.
Genth, Dr. Aug., pract. Arzt und Arzt der Kaltwasserheilanstalt Dietenmühle (8. 88), von 11—1 Uhr

auf der Dietenmühle, und 2—3 Uhr in seiner Wohnung, Schiller-platz 4.

Gräfe, Dr. Fried., (6—8 Morg. and 1—3 Uhr Nachm.) Kranzplatz 1.

Haas, Dr. Ludwig, Obermedicinal-rath, Arzt des Civil-Hospitals etc. (Mai bis September 7 U. Morg., Oc-tober bis April 8 Uhr Morg. und Nachm. 2—3 Uhr) Louisenstr. 20.

Haas, Dr., L. jun., (Nachm. 2—3 U.) Louisenstr. 20 parterre.

Haase, Dr., Assistenzarzt der Augen-heilanstalt, Taunusstrasse 59.

Hartmann, Dr. Franz, (Nachm. v. 2—4 und Abends nach 8 Uhr), Kirchg. 10.

Herz, Dr. Heinr., Obermedicinalrath a. D., Rheinstr. 80.

Herz, Dr. Ludw., (Vormittags 8—9½, Nachm. 2—3 Uhr), Taunus-strasse 21.

Heydenreich, Dr., Obermedicinal-rath (Morg. 7—8, Nachm. 2—3 Uhr), Friedrichstr. 23.

Heymann, Dr. Carl, (2—4 Uhr Nachm.), Weberg. 32.

Huth, Dr. Bernhard, Hofmedicus, Arzt der Elisabethenanstalt (Nach-mittags 2- 4 Uhr) Louisenstr. 33.

Jäger, Theod., Medicinalrath (i. S. 7—9 Morg., im W. 8—9 Morg. und 1—3 Nachm.) Schwalbacher-strasse 31.

Kirsch, Dr. Phil. Chr., Regiments-arzt a. D., homöopathischer Arzt (11—12 Uhr Morg. und 2—4 Uhr Nachm., Sonntag und Donnerstag blos 10—1 Uhr Vorm.) Mauer-gasse 21.

Kopp, Dr. Ludw., Oberstabsarzt, Stiftsstrasse 10.

Kröck, C. J., Arzt der Elisabethen-Heilanstalt (Nachm. 2—3 Uhr) Louisenstr. 33.

Levis, Dr. Georg, engl. Arzt, Wil-helmshöhe 1.

Mäckler, Dr. H. J., (L S. 7—8 U. Morg. und 8 -9 im Winter, Nach-mittags 2—3 Uhr), Mühlg. 9. Vom 1. Oct. 66, Bahnhofstrasse 10.

Mahr, Dr. Friedr., Regimentsarzt (im Sommer 8—9 Morg., im Win-ter 9—10 Morg. und 2-3 Nachm., ausgen. Sonntag) Schwalbacherstr. 8.

Mandelstamm, Dr., Assistenzarzt der Augenheilanst., Capellenstr. 29.

Müller, Dr. Ant., Obermedicinalrath, Brunnen- und Badearzt (7—9 Morg. und 3—5 Nachmittags) Wilhelm-strasse 12.

Pagenstecher, Dr. Alex., Hofrath und Director der Augenheilanstalt (12—2 Uhr Mittags in der Augen-heilanstalt, Kapellenstr. 29, und 2 bis 4 Uhr Nachm. In seiner Woh-nung, ausgen. Sonnt.) Taunusstr. 59.

Pagenstecher, Dr. Arn. (9—11 U. Morg. und 2—4 Uhr Nachm., mit Ausn. Sonnt. Nachm.) Taunusstr. 22.

Reuter, Dr. Carl, Obermedicinal-rath, Wilhelmstrasse 12.

Ricker, Dr. Ed., Medicinalaccessist, (7—9 Morg. u. 1½—2½ Nachm.) Mühlgasse 4.

Robert, Dr. Ferd., Professor (Vorm. 9 und Nachmittags 3 Uhr), Louisen-strasse 19.

Roth, Dr. Heinr., Hofrath, Taunus-strasse 18.

Thilenius, Dr. Otto, Obermedicinal-rath a. D., Wilhelmstrasse.

Vogler, Dr., Carl, Obermedicinal-rath a. D. (10—11 Uhr Morg. und 3—4 Uhr Nachm.) Friedrichstr. 20.

Vogler, Dr. Hermann, Hofrath (9 bis 10½ Morg., 2—3 Nachmittags.) Dotzheimerstr. 9.

Wilhelmi, Dr. Ludw., Bataillons-arzt, Friedrichstr. 84.

Ansichten und Erinnerungen an Wiesbaden zu kaufen: In allen Buch- und Kunsthandlungen.

Apotheken (alphabet.): Amts-apotheke (C. Schellenberg), Lang-gasse 31. — Hirschapotheke (Dr. L. Hoffmann), Marktstr. 27. — Hofapotheke (Erben Lade), Langgasse 15. Seyberth'sche (Adler)-Apotheke (Ad. Seyberth) Kirchgasse 4a.

Bahnhöfe. Taunusbahnhof

und Staatsbahnhof: in der Rheinstrasse. (Weiteres im Anhang).

Bank - und Wechselgeschäfte für den Umsatz in courante Münze etc. (alphabet.): B. Berlö, Kranzplatz, Langgasse 40. ... M. Berlé, Webergasse 8. — Herz, Raphael Sohn, Wilhelmstrasse 4. — L. Jaskewitz, Langgasse 47. — C Kalb Sohn, Webergasse 2. — J. und M. D. Stern, Webergasse 9. — M. Wiener, Taunusstrasse 9.

Bazar für Luxusgegenstände (s. S. 33).

Bureau des Vereins für Alterthumskunde: Friedrichstrasse 1. 1 Treppe hoch (S. 50).

Bureau des Cur - Commissariats: Im Cursaal, 1. Flügel (S. 34).

Bureau der Curhaus-Administration: Im Cursaal, rechter Flügel (S. 34.)

Bureau des Vereins für Naturkunde: Friedrichstr. 1 (S. 52).

Bureau der Polizeidirection: Friedrichstr. 26.

Bürgermeisterei: Im Rathhaus, Marktstr. 18.

Curbrunnen und Trinkzeit (s. S. 45).

Dampfbootexpeditionen: Cöln - Düsseldorfer Gesellschaft, rheinische Dampfboote, Langgasse 24, bei F. W. Käsebler. — Directe Beförderung nach allen Stationen rheinauf und rheinab, auch nach Rotterdam und London. Bis Biebrich per Omnibus (24 kr. resp. 30 kr. per Pers.) zu allen Schiffen und vice versa. Auch Spedition. — Niederländische Dampfboote, Expedition: H. Winter, Weberg. 5. Hauptsächlich Beförderung nach Holland. Güter-Spedition dahin.

Dampfbäder. Im Nerothal: Beausite, Besitzer Herz (S. 89). — Russ. Dampfbäder, täglich zu jeder Zeit und jeder Stunde während der Saison. — Im Winter Samstags und Sonntags von 9 Uhr Morg. bis 6 Uhr Abends. Ebenso Dietenmühle (s. u.) und Nerothal bei S. Löwenherz (S. 89.)

Dienstmänner. An allen frequenten Punkten der Stadt. Preise zu accordiren.

Dolmetscher (Interpreten). Dr. H. C. Chr. Lüdeking, Prof., beeid. Interpret für franz., engl., ital. und holländ. Sprache, Schwalbacherstr. 7. — Ant. Dillmann, Realoberlehrer (beeidigter Interpret für französ. u. engl. Sprache), Friedrichstr. 42.

Droschken. Standort auf allen freien Plätzen der Stadt; Taxen s. im Anhang. Miethwagen: S. 90.

Esel. Standort am Beginn der Sonnenberger Chaussee, bei'm Berliner Hof. Taxe s. im Anhang.

Justizamt. Marktstr. 1 (S. 67).

Kaltwasserheilanstalten (alphabet.): Dietenmühle (dir. Arzt: Dr. Genth, Director: H. Kruthoffer). 50 Zimmer. — Alle Arten Kaltwasserbäder, Douchen, Wannen-, Kiefernadel- und Kasten-Dampfbäder. — Römisch-Irisches Bad. — Russisches Bad nebst Vollbad von nur 8° R. — Zwei Inhalations - Cabinette für comprimirte Luft. — Zimmer von 1—2½ fl., incl. Licht und Bedienung. Heizung extra. — Pensionspreise: 10 fl. wöchentlich. — Table d'hôte um 1 Uhr: 1 fl. o. W. — Das ganze Jahr: Diners à part zu jeder Zeit. — Wagen im Hause, Preise der Wiesbadener Droschken. — Badezeit für Damen 11—1 Uhr Morg.

C. W. Cuckuck (Heilbad Nerothalquelle), Nerothal 1a. — 6 Bäder in Porcellan gefasst, eigenes Quellwasser (10½° R.) wird durch Maschinen und Heizapparate nach Vorschrift erwärmt. Auch medicamentöse Bäder, Douche-, Regenund Staubbäder etc. — Preise: 1 kaltes Bad 10 kr., erwärmte Bäder jeder Wärmegrad 1 kr. mehr, so 24° gleich 24 kr, 1 Badetuch 2 kr. extra. - Im Abonnement per Bad 2 kr. billiger. — Badezeit von Morg. 6 bis Abends 8 Uhr.

Nerothal (Wasserheilanstalt, Eigenthümer: S. Löwenherz, dirig. Arzt: Dr. Confeld). Iro-römische Bäder, russische Dampf-, Kiefernadeldampf- und Kräuterbäder, Wannenbäder, Heilgymnastik, Electricität, Magnetismus, Bäder in comprimirter Luft (pneumatischer Apparat). — 82 Zimmer. Pensionspreise: 25 bis 30 fl. je nach Zimmer, inclus. Wohnung, Curgebrauch, Table d'hôte und Frühstück. — Schöne Lage.

Nerothal-Beausite (Cur-Anstalt und Pension, Besitzer Aug. Herz). — Warme Süsswasserbäder, Russische Dampfbäder (S. 87). Kaltwasserbäder, Kiefernadelbäder, Dampf- und Wannenbäder, nebst Wellenbad. — Trinkbrunnen im Beringe des Hauses. — Nähe des Waldes. — Zimmer von 6—12 fl. per Woche, incl. kalter Bäder. Frühstück von 15 kr. an. — Table d'hôte à 1 fl. — Abendessen à la carte.von 24 kr. an., — Wagen im Hause. — Forellen und Krebsfang unentgeldlich. — Auch Milchcuren. — Taxe der Droschken zum Etablissement tarifirt.

Kirchengemeinden und deren *Gottesdienst* (s. S. 95).

Leihbibliotheken. Feller & Gecks, Langg. 49. — Jurany & Hensel (vorm. C. W. Kreidel), Langg. 43. — Wilhelm Roth, Weberg. 4.

Leihhaus. Neugasse 4. (S. 102).

Lesecabinet. Im Cursaal rechter Flügel (S. 98). — Verzeichniss der aufliegenden Zeitungen (S. 37 und S. 38).

Localdampfschifffahrt zwischen Biebrich und Mainz (im Sommer) täglich und stündlich. Abfahrt immer in den ½ Stunden.

Erstes Boot um 7½ Uhr n. Mains in ½ St. — 1. Pl. 9 kr., II. Pl. 6 kr. Ebenso zurück von Mainz nach Biebrich in den vollen Stunden, um 8, 9, 10 Uhr u. s. f.

Lohndiener. Auf Bestellung in allen Hôtels und Logirhäusern zu haben; sie sind nicht tarifirt.

Mineralwasser. Mineralwasser aller auswärtigen Quellen in stets frischer Füllung vorräthig bei (alphab.): G. Berghof, Kochbrunnenplatz 1. — C. Jäger (Depôt von Cronthaler Wasser), Goldgasse 21. - Ant. Moos, Kirchgasse 19. - H. Wenz, Spiegelg. 4. — Fr. Wirth, Taunusstr. 9.

Miethwagen (Droschken) auf den freien Plätzen der Stadt. Auch durch die Hôtels zu bestellen.

Molken (s. S. 47 und med. Theil) Morgens 6—8 Uhr am Kochbrunnen. Täglich frisch von Hergziegen bereitet, durch Peter Hersche aus Appenzell.

Musikalienhandlungen. A. Schellenberg, Kirchg. 21. — Ed. Wagner, Langg. 31.

Omnibus. a) Vom Bahnhof zur Stadt und vice versa. Per Pers. inol. gewöhnl. Reisegepäcks 12 kr., weitere Effecten 6 kr. per Stück.

b) Von Wiesbaden nach Biebrich und vice versa: 24 kr. per Pers.; mit Gepäck 30 kr. Zurück bis zur Wohnung ebensoviel. Expedition: Langg. 24. Auch Abholen von der Wohnung auf Vorausbestellung.

c) Von Wiesbaden nach Schwalbach und vice versa. Täglich Abends 5½ Uhr. Abfahrt vom Taunushôtel (in 2½ St.), gegenüber dem Taunusbahnhof. — Zurück von Schwalbach um 7½ Uhr (in 2½ St.). Abfahrt vom Kranch in Schwalbach. — Preis. Coupé: 1 fl. 12 kr. Interieur: 1 fl. — 40 Pfd. Freigepäck.

Passbureau. Friedrichstr. 26.

Pianoforte's zu leihen, bei: C. Bauer, Bahnhofstrasse 11. — S. Hirsch, Taunusstr. 25. — Ad. Schellenberg, Kirchg. 21. — Ed. Wagner, Langg. 31. — W. & C. Wolff, Marktplatz 8.

Pferde. In der Manége des Herrn A. Gini, Louisenstr. 1.

Polizeibureau, Friedrichstr. 26.

Postamt. Langgasse 22. Abgehende Posten (im Sommer 1865): Nach Camberg 1mal täg-lich, per Idstein, in 4½ St., für 1 fl. 40 kr. — Nach Schwal-bach 2mal täglich, Morgens und Nachmittags, in 2¼ Stunden, für 1 fl. — Nach Dies, 1mal täg-lich, per Schwalbach, für 2 fl. 21 kr. — Nach Kirberg, per Wehen, 1mal täglich, in 4½ St., für 1 fl. 30 kr. — Nach Idstein, 1mal täglich, in 3 St., für 1 fl. 9 kr.

Rheinbäder. In Biebrich. Per Taunusbahn nach Biebrich für 18, 12 und 6 kr.; oder per Staatsbahn nach Mosbach-Bie-brich für 15, 9 und 6 kr. — Bäder bei Schneiderhöhn, oberhalb des rhein. Hofes. 1 Bad 12 kr. mit Handtuch; im Abonnement billiger. Unterhalb des Ortes: Militär-schwimmschule, auch für Ci-vilisten.

Rollstühle werden am Besten durch Vermittelung des betr. Haus-besitzers besorgt.

Schwimmbäder (S. 91. Rhein-bäder). Ausserdem ein Schwimm-bad in der Wasserheilanstalt Nero-thal (S. 89). Preise: 1 Bad mit Wäsche 12 kr. — Von Morgens 6 bis 8 Uhr Abends. Im Schwimm-bad: Douche, Brausen etc.

Taxen für Esel, Wagen etc. (s. im Anhang.)

Telegraphenbureau's. Nas-sauischer Staatstelegraph: Bahnhofstrasse 1. Depeschen nach allen Richtungen, geöffnet im Som-mer von Morg. 7 bis Abends 9 U. Einfache Depesche innerhalb des Landes, Preis: 20 Worte gleich 20 kr. Jede 10 Worte mehr: 10 kr. weiter. Ausserhalb des Landes nach Tarif. Taunusbahntelegraph: Richtung Frankfurt; nach allen Stationen der Bahn. Einfache Depesche: 36 kr. Bureau im Bahnhof.

Theater-Intendantur-Bu-reau. Neue Colonnade, Rück-seite, parterre. (S. 33).

Transportmänner (s. S. 88.)

Vergnügungs- und Unterhaltungs-Anzeiger.

Bälle. Im Cursaal. Regelmässige Bälle unter der Bezeichnung Reu-nions, suche man (S. 94), Festball (S. 98). — Ausserdem finden in den Gesellschaften und Casino's der Stadt Bälle statt. Einführung für Fremde durch Mitglieder. — Bälle in öffentlichen Etablissements (so auf dem neuen Geisberg etc.) wer-den durch die Tagesblätter ange-zeigt.

Beleuchtung der Cascaden (s. S. 33, oben).

Bengalische Beleuchtung. Im Sommer, während der Abend-concerte, im Curhauspark; indess nicht regelmässig.

Büchsenschiessen. Auf dem Schiessplatz des Wiesbad. Schützen-vereins (an der Walkmühle): 12 kr. für Mitglieder; 30 kr. für Nicht-mitglieder Zeigergeld für den hal-ben Tag. (Deutsche Bundesschützen). - Sonntags und Montags Nachm. von 3 Uhr an: Stern- u. Uebungs-schiessen auf dem Schiessplatz des Wiesbadener Schützencorps (auf dem Augustenberg im Nerothale,

reohts). Nichtmitglieder : 12 kr.
Standgeld.

Concerte. Ueber Gartenconcerte
s. S. 40 und neben : S. 94. Grössere
Concerte und Künstler-Concerte finden im Cursaal statt. Preise in der
Regel: 2 fl., 1 fl. 30 kr. und 1 fl,
Die musikalischen Vereine der Stadt
arrangiren häufig besondere Concerte im grossen Cursaale, oder in
dem Saale des Casino's, Friedrichstrasse 16. — Näheres durch die
Affichen.

Curliste. Verlag der L. Schellenberg'schen Hofbuchhandlung. Enthält die vollständigen Verzeichnisse
der hier weilenden Fremden und
Badegäste. Der Fremde ist ersucht,
etwaige Irrthümer der Expedition
mitzutheilen.

Feuerwerk. Ein grosses Feuerwerk findet alljährlich am 24. Juli
(Geburtstag des reg. Herzogs) auf
dem grossen Platze vor dem Curhaus statt.

Festball. Am 24. Juli jeden Jahres (Geburtstag des reg. Herzogs),
im grossen Saale des Curhauses. —
Sonstige Festbälle werden besonders
angezeigt.

Festival'n. Näheres s. S. 35. —
Ueber Programm und Preise ist zur
Zeit noch nichts bestimmt.

Fischerei. Gelegenheit zur Fi-
scherei (ausser dem Angeln im
Rhein) bietet sich in der Nied bei
Höchst (Jagdrevier der Curhaus-
Administration) (s. unten), und im
Wisperthal bei Lorch (Forellen). —
Ebenso Forellen im Nerothal (Beau-
site); vorher nöthige Meldung beim
Besitzer Hers in Beausite, S. 89).

Gemäldegallerie. Wilhelmstr.
7. Eröffnungsstunden und Inhalt
s S. 48 und S. 49.

Jagd. Die Curhaus-Administration
hat eine gute Jagd bei Höchst
(Station der Taunusbahn) in Pacht
(Fasanen, Hasen, Füchse, Feldhüh-
ner, wie überhaupt Feldjagd im
Allgemeinen). Ebenso besitzt sie
eine Jagd auf Rehe und Füchse
bei Caub am Rhein (Station der
Nass. Staatsbahn). Dem Curfremden
ist zur Jagdzeit die Ausübung derselben auf diesen Revieren frei gestattet. Karten und Erlaub-
niss (auch Jagdwaffen) werden
von der Administration auf deren
Bureau (S. 87), bereitwilligst ausgestellt.

Landesbibliothek. Wilhelmstrasse 7. Eröffnuungsstunden und
Weiteres s. S. 54.

Leihbibliotheken (s. S. 89).

Lesecabinet (r. Flügel des Curhauses (S. 37—40).

Museum. Wilhelmstrasse 7. (S.
47.)

Museum der Alterthümer.
Wilhelmstrasse 7 (s. S. 50 u. 51).

Museum, naturhistorisch.
Wilhelmstr. 7 (s. S. 52 und 53).

Musik.
Morgens von 6—7½ Uhr am Kochbrunnen, Mitglieder des Theater-
orchesters. — Musikpavillon (S. 45).
Nachmittags von 3—5 Uhr, im
Curhauspark (S. 40).
Abends, an Tagen wo im Theater
keine Vorstellungen stattfinden (S.
40), im Curhauspark. Letztere Musik (Nachmittags und Abends) wird
abwechselnd von den nassauischen,
östreichischen oder preussischen Mi-
litär-Capellen (aus Mainz) ausgeführt (S. 40). — Montags und
Freitags Nachmittags in der Regel
abwechselnd östr. und preuss. Mi-
litärmusik.

Pistolenschiessen. Pistolen-
scheibenstand hinter der alten Colonnade (S. 33).

Reunions. Jeden Samstag (vom
12. Mai an) im grossen Saale des
Cur..auses (S. 36). — Eintritt frei,
aber nur gegen Karte. Fremde erhalten die Karten auf Anmeldung
bei Herzogl. Cur-Commissariat im
Curhaus, l. Flügel (S. 84), oder
durch Vermittelung der Hôtelbe-
sitzer etc.

Reitbahn (s. S. 91). Louisenstr. 1. — Pferde ebendaselbst.

Spiel. Näheres über Zeit und Spielregeln s. S. 36 und S. 37.

Theater (s. S. 41 bis S. 43).

Theatercasse (s. S. 46), geöffnet nur an Spieltagen, von Morg. 10 bis zur Cassenöffnung und Vorstellung.

Volksfeste. Ein eigentliches Volksfest findet am 24. Juli j. J. (Geburtstag des reg. Herzogs) auf dem Neroberg statt. Musik, Vogelschiessen des Wiesbadener Schützencorps, Sackhüpfen u. andere Volksspiele; Ball im Freien. Buntes Leben und Treiben. Restauration oben. Gleichzeitig *schöne Aussicht. Für den Fremden wohl des Besuches werth. — Am Himmelfahrtstag in den frühsten Morgenstunden ein Waldfest mit Musik; auf dem Neroberg und in der Umgebung der Leichtweisshöhle, der Platte u. s. f.

Städtische Bureau's und Amtsstellen für den Verkehr.

Acciseamt. Neugasse 4. Accise-Inspector: Herr H. C. Hardt. Verwaltung und Erhebung aller Accisegefälle (Octroi). Verwaltung der öffentlichen Waage. Verwaltung der öffentlichen Güterniederlage. Verwaltung des Victualienmarktes, des Vieh-, Frucht- und Krämermarktes.

Bürgermeisterei. Marktstr. 18. Bürgermeister Herr H. W. Fischer; Bürgermeister-Adjunkt: Herr J. L. W. Coulin. Das Bureau besteht aus ca. 12 Beamten. Der Gemeinderath zählt 12, das Feldgericht 9, d. Bürgerausschuss 72 Mitgl.

Leihhaus oder Pfandhaus (s. S. 102).

Passbureau und Herzogl. Polizei-Direction. Friedrichstrasse 26. Polizei Director: Herr Albert von Rössler, Ritter p. p. (S. 38, S. 90, S. 91).

Physicat. Medicinalrath Dr. Bickel, Stadtphysikus, Louisenstr. 14.

Postamt. Langgasse 22. Postmeister: Herr C. A. Hoffmann (S. 91).

Stadtcasse. Schulgasse 2. Stadtrechner: Herr Chr. Maurer.

Zoll- und Steueramt, auf dem Herzogl. Nass. Staatsbahnhof, Rheinstrasse.

Die verschiedenen Kirchengemeinden und deren Gottesdienst.

Anglicanische Gemeinde. Eigenes Gotteshaus. Frankfurterstrasse 1a. (S. 61). Der Vorstand besteht aus 3 Mitgliedern. Geistlicher: Herr Rev. James G. Brine. Gottesdienst: Jeden Sonntag: im W. 11 u 4 Uhr, i. S. 11 u. 7 U. — Mittw. u. Freitag u. Feiertage 11 U. Morg. — Heil. Abendmahl jeden Sonntag.

Deutschkatholische Gemeinde. Local: In der neuen Schule auf dem Michelsberg (S. 70). Gottesdienst alle 14 Tage, Morgens 10 Uhr. Prediger: Herr C. Hiepe.

Evangelische Kirchengemeinde. Locale: u. Hauptkirche auf dem Marktplatz (S. 55). b. Saal im Schulhause, Lehrstr. 8; und c. Kirche in Clarenthal. Der Vorstand besteht aus 16 Mitgliedern. Vorsitzender: Herr Kirchenrath, Decan Eibach. Geistliche: Herr Kirchenrath L. W. Eibach, Herr Kirchenrath F. W. Dietz; Herren Pfarrer H Chr. Köhler und L. Conrady und Herr Caplan C. W.

Naumann. Predigt (im Sommer u. Winter): Vormittags 10 und Nachm. 2 Uhr. – Betstunde in der neuen Schule: 8¾ U. Militärgottesdienst: Morgens 8 Uhr.

Russische orthodoxe (griechische) Kirche. Geistlicher: Herr Probst Johann Janyschew. – Gottesdienst. Am Vorabend der Sonn- und Feiertage, i. S. um 7 Uhr, i. W. um 6 Uhr: Abendgottesdienst in der Pfarrhauscapelle (Capellenstrasse 17); jeden Sonntag und Feiertag Vormittags 10 Uhr Liturgie; im Sommer in der Grabcapelle auf d. Neroberg (griechische Capelle), im Winter in der genannten Hauscapelle.

Israelit. Cultusgemeinde. Local: Synagoge, Schwalbacherstrasse 33. Eine neue Synagoge ist im Bau (S. 61). Bezirks-Rabbiner: Herr Dr. S. Süskind. Der Vorstand besteht aus 5 Mitgliedern.

Gottesdienst, i. S.: Jeden Freitag Abend 7½ Uhr und jeden Sabbath-Morgen 8 Uhr. Predigt um 9 Uhr.

Math. Kirchengemeinde. Der Vorstand besteht aus 7 Mitgl. Vorst.: Herr Decan J. Weyland, (geistl. Rath). Geistliche: Hr. Dec. J. Weyland, Herren Caplan G. Küppers und W. Tripp. — Local: Eigene Kirche auf dem Louisenplatz (S. 58). — Gottesdienst: im Sommer, Sonn- und Feittags um 6, 7 und 11 Uhr h. Messen; um 9 Uhr Hochamt und Predigt. — Andacht mit Segen oder Christenlehre um 2 Uhr Nachmittags. — An Werktagen um 5½, 6½ und 9 U. Morgens, h. Messen. Samstag Ab. um 4 oder 5 Uhr Salve u. Beichte. — Im Winter: h. Messen um 6½, 7½ und 11½ Uhr Vormittags; Hochamt und Predigt um 9½ U. Um 7½ Uhr Militärgottesdienst. — Andacht mit Segen oder Christenlehre um 2 Uhr. — An Werktagen (im W.) um 6½, 7½ und 9½ Uhr h. Messen. — Ausserdem Bruderschaftsandachten jeden dritten Sonntag des Monats, Nachm. 2 Uhr. An Festtagen Vesper.

Gemeinnützige und wissenschaftliche Anstalten, Institute und Vereine.

Allgemeiner Krankenverein. Director: Schuhmachermstr. Georg Schäfer, Goldgasse 1.

Bürger-Krankenverein. Director: Maurermeister Georg Ph. Birck, Steingasse 1.

Central - Haspel - Anstalt des Seidenbauvereins. Geisbergstrasse 2 (s. S. 99, Filanda).

Central - Vorstand des Gewerbevereins für das Herzogthum Nassau. Director: Herr Oberbergrath Odernheimer. Bureau: Friedrichstrasse 25. Der Verein ist seit 1844 begründet. Bedeutende Bibliothek technischer u. gewerblicher Werke. Eigenthum des nass. Gewerbevereins. Schule S. 104.

Curverein. Präsident: Hr. Hofrath Dr. Pagenstecher, Taunusstrasse 59. Bureau des Vereins: Taunusstr. 7, an der Trinkhalle (prov.)

Direction der Gasbeleuchtungsgesellschaft. Friedrichstrasse 40. Director: Herr A. Flach, Rheinstrasse 8.

Directorium des Vereins nass. Land- und Forstwirthe. Hof Geisberg. Director: vacat. (als landwirthschaftlicher Verein 1819 gegründet), früher in Idstein, seit 1834 in Wiesbaden domicilirend und seit 1849 reorganisirt. In Verbindung mit dem landwirthschaftlichen Institut auf Hof Geisberg (S. 104).

Evangelischer Missions-Verein. Vorstand: Herr Pfarrer Ludwig Conrady, Helenenstrasse 24.

Filanda, Anstalt für Seidenweberei (inländische Seide) und Strohgeflechte. Lager von deren Artikeln und Fabrikaten (Strümpfe, Jacken, Stoffe etc.) in der Filanda, Nerostrasse 1 und bei Kaufm. M. Wolf, Langgasse 26.

Gesellschaft für Förderung der Seidenzucht im Herzogthum Nassau. Director: Hr. Regierungsrath Joh. Jos. v. Trapp, Mainzerstrasse 15.

Gewerbehalle-Verein. Vorsitzender: Herr Aug. Roth, Cassirer des Versch.-Vereins, Taunusstr. 13.

Local-Gewerbeverein. Vorsitzender: Herr Chr. Gaab, Schreinermeister, Schwalbacherstrasse 17.

Landesbibliothek. Herr Geh. Regierungsrath Dr. G. Seebode, Bibliothekar. — Bibliotheksecretäre: Herren Carl Ebenau und Dr. C. Rossel. Local: Wilhelmstr. 7.

Leihhaus (s. S. 102).

Nassauischer Kunstverein, gegründet 1847. Vorstand: Herr Oberkammerherr von Bock-Hermsdorf, Präsident. Herr Prof. Aug. Ebenau, Director. — Local der Gemäldegallerie: Wilhelmstr. 7. — (Weiteres s. S. 48).

Naturhistor. Museum. Inspector Herr Prof. C. L. Kirsch-baum, Conservator: Herr A. Römer, Bureau: Friedrichstrasse 1. Museum: Wilhelmstr. 7 (s. S. 52).

Städtische Feuerwehr. Commandant: Herr Christ. Zollmann, Stadtvorsteher, Kirchg. 9.

Schützen-Verein. Präses: Hr. C. Schmidt. Schützenmeister: die Herren Proc. Schenck, J. Ippel, J. Geismar und A. Ritter. — Der Verein hat in der Nähe der Walkmühle einen trefflich eingerichteten Schiessstand. Auswärtige deutsche Bundesschützen haben, unter gleichen Bedingungen wie die hiesigen Schützen, volle Schlossberechtigung.

Verein für Nassauische Alterthumskunde und Geschichtsforschung, gestiftet 1821. Vorstand: Herr Dr. C. Braun, Director; Herr Dr. Jur. Hch. Schalk, Secretär. Museum: Wilhelmstr. 7 (s. S. 50). Bureau: Friedrichstr. 1.

Verein Nassauischer Bienenzüchter. Vorstand: Herr General von Dreidbach-Bürresheim.

Verein für Naturkunde im Herzogthum Nassau. (Naturhistorischer Verein, gegründet 1829). Vorstand: Herr Geh. Hofrath Prof. Dr. Rem. Fresenius, Director; Secretär und Inspector: Herr Prof. C. L. Kirschbaum.

Verschönerungs-Verein. Vorstand: Herr Finanzpräsident v. Heemskerk, Präsident.

Wohlthätigkeits-Anstalten und wohlthätige. Vereine.

Es existiren ausser den nachfolgend aufgeführten Wohlthätigkeitsanstalten und Vereinen, noch etwa 12 andere in der Stadt, die indess für die Zwecke unseres Buches weniger Interesse haben. Wir liessen es deshalb bei der Nennung der nachfolgenden bewenden.

Armen-Verein. Vorstand: Hr. Polizeidirector v. Rössler. Bureau: Friedrichstr. 26.

Armen-Augenheilanstalt, Capellenstrasse 29. Director: Herr Hofrath Dr. Pagenstecher. Unentgeltliche Heilung und Pflege unbemittelter Augenkranken aller Nationalitäten und Confessionen. — Durch Schenkungen und milde

Beiträge (1856) gegründet und unterhalten. Jährliche Behandlung von über 2000 Kranken. Sprechstunden für arme Augenleidende täglich 12—2 Uhr unentgeldlich. Besuch nach Anfrage bei der Direction erlaubt.

Blindenschule u. Arbeitsanstalt. Vorstand: Herr Geheimerath Amtmann Freiherr Moriz von Gagern (z. Z. in Diez). Local: am Rietherberg. Durch freiwillige Beiträge und Schenkungen gegründet, ist die Anstalt der Erziehung unbemittelter Blinden des Herzogthums gewidmet. Arbeiten der Zöglinge sind käuflich in der Anstalt zu haben.

Civil-Hospital. Director: Herr Obermedicinalrath Dr. Haas. Local: Kochbrunnenplatz 4. Das Hospital ward durch eine Stiftung des Grafen Gerlach von N.-Idstein (1358) begründet. Unbemittelte, des Bades bedürftige Kranke, erhalten freie Verpflegung, soweit die Mittel der Anstalt reichen. Auch Fremde finden Aufnahme, gegen Vergütung der entstehenden Verpflegungskosten. Jährliche Krankenzahl ca. 1100.

Elisabethen-Heilanstalt. Aerztliche Leitung. Hr. Hofmedicus Dr. Huth. Local: Louisenstr. 33. Von Sr. Hoheit dem Herzog Adolph (1845) begründet, führt die Anstalt den Namen der hochseeligen Herzogin Elisabeth. Sie ist besonders der Pflege kranker Kinder (unter 14 Jahren) unbemittelter Eltern bestimmt. Aerztliche Hülfe und Medicamente unentgeldlich, nöthigenfalls auch Nahrung etc. Zwei Aerzte widmen sich der Anstalt speciell. Auch vom Lande werden viele (zusammen per Jahr ca. 3000) Pfleglinge zur Anstalt gebracht. Die Anstalt hat ein eigenes Local.

Evangelisches Rettungshaus. Direction: Herr Kirchenrath Ludw. W. Elbach, Vorsitzender. Local: Tennelbach, östl. vom Hof Geisberg. Hausvater: J. D. Pfeiffer. Seit 1851 bestehend, sorgt die Anstalt für die Erziehung verwahrloster evangel. Kinder aus allen Theilen des Herzogthums. Besuch erlaubt (½ St.). Die Anstalt hat ihr eigenes Gebäude.

Hospital (s. o. S. 101. Civil-Hospital).

Kleinkinderbewahranstalt. Vorstand: Hr. Amtmann Dr. Busch, Director. Local: Heidenberg 24. Seit 1835 begründet und gegenwärtig unter dem besonderen Protectorat Ihrer Hoheit der Frau Herzogin (ca. 200 Kinder jährlich). — Die Anstalt zerfällt in die eigentliche Kinderbewahranstalt zur Aufnahme und Pflege kleiner Kinder bis zum Eintritt des schulpflichtigen Alters, von Eltern welche ihr Erwerb während des Tages ausserhalb beschäftigt und in ein Internat für Waisenkinder und Kinder von Eltern, welche ihrer Stellung nach eine Haushaltung nicht führen können. — In dem Internate finden Knaben bis zum 8. Lebensjahre, und Mädchen bis zum 16. Lebensjahre Aufnahme. Letztere werden zu Dienstmädchen, Näherinnen u. s. w. herangebildet. — Ferner unterhält die Anstalt eine Strick- und Nähschule zur Beschäftigung der Mädchen in Schulfreistunden.

Krankenanstalt für Erwachsene. Ordinirende Aerzte: Bataillonsarzt Dr. E. Alefeld, Dr. A. Pagenstecher, Dr. Ed. Ricker, Dr. L. Wilhelmi, Consultirender Arzt: Obermedicinalrath Dr. Ant. Müller. Local: Kirchgasse 22. — Sprechstunde in der Anstalt: Mittwoch und Samstag von 11—12 Uhr Vorm. Aerztliche Consultation erwachsener, unbemittelter Stadteinwohner.

Leihhaus. Vorstand: Herr F. C. Nathan, Vorsitzender; Verwalter: Herr L. Beyerle. Local: Neug. 4.

– Die Anstalt dient den allseitig bekannten Zwecken ähnlicher Institute.

Versorgungshaus für alte Leute (Zimmermann'sche Stiftung). Vorsitzender des Verwaltungsrathes: Herr Kirchenrath, (Decan) L. W. Eibach. Local: Dotzheimerstrasse 29. Hausvater: Chr. Schuhmacher. — Begründet durch eine Stiftung des ehemaligen Bibliotheksecretairs Zimmermann († 1850) und durch einzelne Gaben, Vermächtnisse und städtische Beiträge unterstützt, ist die Anstalt bestimmt, unbemittelten alten Angehörigen der Stadt Wiesbaden Obdach und Verpflegung zu gewähren. Die Anstalt hat ein eigenes Haus und hübschen Garten.

Oeffentliche Lehranstalten.

Chemisches Laboratorium d. Geh. Hofrath Hrn. Prof. Dr. Fresenius, Kapellenstr. 11 u. 13 (ca. 60 Studirende per Jahr.)

Elementarschule. Michelsberg 19b. (9 Classen, 8 Knaben-, 3 Mädchen- und 3 gemischte Classen [Knaben u. Mädchen]. Auch eine Knaben- und eine Mädchenarbeits- u. Industrieschule). Herr Oberlehrer Höser, Michelsberg 19b.

Gelehrten-Gymnasium. Louisenplatz 4. Director: Hr. Oberschulrath Dr. Carl Schwartz, Louisenstr 28.

Handels- und Gewerbeschule des Dr. Schirm. Local: Elisabethenstrasse 4. Vorstand: Hr. Dr. Ferd. Haas.

Höhere Bürgerschule. Local: Marktplatz 2. Rector: Hr. F. A. Polack, Moritzstr. 6.

Höhere Töchterschule. Local: Louisenstr. 24. Rector: Hr. Dr. W. Fricke, Louisenstr. 19.

Knaben-Erziehungs-Institut der Herren Gebrüder Kreis. Director: Herr G. Kreis. Local: Fahnhofstr. 5.

Landwirthschaftliches Institut. Local: Auf Hof Geisberg, 16 Min. von der Stadt, nördlich. Director: Hr. Prof. Dr. Thomä. Verbunden mit einer landwirthschaftl. Versuchswirthschaft, durchschnittlich von 50 Studirenden (worunter viele Ausländer) besucht. Vorträge nur im Winter. — Das Institut hat eine beachtenswerthe Sammlung von Modellen etc.

Militärschule. Local: Dotzheimerstr. 1. Director: Hr. Obristlieutenant Chr. Weber, Louisenstrasse 10.

Mittelschule auf dem Markte. Local: Marktplatz 2. Oberlehrer: Hr. J. Welcker, Röderstrasse 14. 5 Knaben- und 5 Mädchenclassen.

Mittelschule in der Lehrstrasse. Local: Lehrstrasse 6. Oberlehrer die Herren G. Lang (Lehrstr. 6) und G. Anthes (Nerostr. 23). 5 Knaben- und 5 Mädchenclassen.

Privat-Erziehungs-Institute für Mädchen sind ca. Zehn vorhanden.

Real-Gymnasium. Local: Louisenplatz 5. Rector: Hr. Prof. Aug. Ebenau. Das Real-Gymnasium entlässt zur Universität; seinen Unterbau bilden die Pädagogial-Classen der Gelehrten-Gymnasien, sowie die Realschulen des Herzogthums.

Schule des Local-Gewerbe-Vereins. Local: Neue Schule auf dem Michelsberg. Vorsitzender: Herr Chr. Gaab, Schreinermeister. — Fortbildungsschule für Lehrlinge und Gehülfen (nur an Sonntagen).

Allgemeine Mittheilungen

über

das Clima und die Mineralquellen

von

Wiesbaden.

Auszug aus dem demnächst erscheinenden Schriftchen: Das Clima, die Mineralquellen und der Winteraufenthalt zu Wiesbaden. Ein medicinischer Führer in gedrängter Fassung, für Laien und Aerzte von Hofrath Dr. Roth.

Lage und Clima von Wiesbaden.

Das hohe Ansehen Wiesbadens als Badort, das die Stadt im Laufe der Zeiten sich errungen, verdankt dieselbe der ausgezeichneten Wirksamkeit ihrer Mineralquellen, ihrer günstigen Lage und dem vortrefflichen Clima, das zugleich ihren Ruf als Winteraufenthalt begründet hat.

Die Lage Wiesbadens versetzt uns nach der Mitte des Continentes hin, wo die Gebirgsmasse des reich bewaldeten Taunus, von Osten nach Westen streichend, den Rheingau, die schönste Gegend des Rheinstromes, und das untere Mainthal nach Norden begrenzt. In ausgedehnter Niederung, einem Seitenthale des Rheingaues, breitet sich hier, 361 Par. Fuss über dem Meeresspiegel, die Stadt malerisch aus. Die Hügel, die von Norden her an dieselbe herantreten, steigen allmählig terrassenförmig bis zur Höhe des Taunus auf, der sich bei der Platte 1179' über die Thalsohle (1540' über das Meer) erhebt. Im Nordwesten reicht das Gebirge an der Stelle der sogen. hohen Wurzel selbst 1629' über letztere hinaus und wendet sich von da bogenförmig mehr dem Rheine zu. In dieser Richtung sendet der Taunus auch einen schützenden Bergrücken, den sogen. Römer- und Heidenberg, an dessen Fusse die Quellen zu Tage kommen, bis zur Stadt selbst hinein. Der hohe Gebirgszug im Norden und Nordwesten umgibt die Niederung ununterbrochen; die Thäler, welche aus diesen Himmelsgegenden nach der Stadt auslaufen, verlieren sich bald in den Vorhöhen. Nach Osten trennt ein flaches Thal den nicht unansehnlichen Dierstatter Berg, der nach dieser Seite abschliesst, von der Hauptkette, durchschneidet sie aber ebenfalls nicht und geht in der Nähe der Stadt in den Curhauspark über. Im Süden liegt dagegen die ausgedehnte Fläche der Sonne frei zugekehrt. Nur ein niedriger Hügel scheidet von dem weiten Rheinthale, zu dem eine seichte Bodeneinsenkung die Wasser des Gebirges und der Quellen hinführt.

Solchen örtlichen Verhältnissen entsprechend, hat Wiesbaden eine sehr geschützte Lage. Rauheren Winden fast gänzlich verschlossen, wird die Stadt auch von den vorwiegend westlichen Strömungen nur selten in heftigerer Weise heimgesucht. Ebenso kommt helles Wetter entschieden häufiger vor als trübe Tage und Regen, und ist die Luft mehr trocken. Die ganze Gegend hat durchaus eine höhere Temperatur als andere Orte von gleicher Breite, was schon der edle Wein bezeugt, der hier gedeiht. Und wie jede empfindliche Abkühlung am Morgen und Abend fehlt, sind auch schnelle Uebergänge in der Atmosphäre keine häufige Erscheinung und gehen nicht aus der Oertlichkeit hervor, vielmehr sinkt die Temperatur in der geschützten Gegend langsamer und weniger tief und steigt wegen der leichten ungehinderten Erwärmung mit jeder Wendung zum Besseren auch rasch wieder an. Der Winter ist daher nur ausnahmsweise streng. Schnee bleibt selten liegen. In der Stadt schmilzt derselbe in der Quellenregion jeder Zeit bald, und sind die Strassen, auch bei Regen, in kurzem wieder abgetrocknet. Dieser Stadttheil hat durchschnittlich eine 2° R. höhere Wärme als die übrigen Strassen. Nimmt Wiesbaden selbstverständlich an den climatischen Eigenheiten des mittleren Deutschlands Theil, so beansprucht die Stadt doch offenbar eine Ausnahmsstellung und rühmt sich mit Recht eines ausgezeichneten Climas. Den besten Beweis hierfür liefert die Thatsache, dass Wiesbaden einen sehr gesunden Aufenthalt darbietet, an gewisse Oertlichkeiten gebundene Krankheiten nicht vorkommen und das Sterblichkeitsverhältniss zur Einwohnerzahl im Vergleich zu andern Städten sehr niedrig erscheint, insofern dasselbe seit Jahren zwischen 1 : 40 bis 45 schwankt und nicht unter erstere Zahl fällt.

Das Jahresmittal der Wärme berechnet sich für Wiesbaden auf 8°.5 R., während dasselbe von Frankfart 7°.8 beträgt, von Paris 8°.6 und von der gemässigten Zone überhaupt 6°.03. Ueber die Wintermonate bei „Wintercur." (S. 127).

Die Regenmenge erreichte 1845 und 1846, in einem nassen und einem trockenen Jahre, im Mittel 25", und ist von Paris 21", von Deutschland etwa 20". Die Durchschnittszahl der Regentage aus 9 J. (1857—1865) war 124, aber nur bei ½ regnete es stark. Im mittleren Europa beträgt dieselbe Zahl 146, welche Grenze allein 1860 überschritten wurde. Schnee fiel in Jenen 9 Jahren im Mittel an 23 Tagen, meistens wiederum in unbedeutender Menge.

Physikalische Beschaffenheit der Quellen im Allgemeinen und des Kochbrunnens im Besonderen.

Die Mineralquellen zu Wiesbaden brechen aus dem Taunusschiefer hervor. Seine Zerklüftung erklärt ihre grosse Zahl, wie ihren Wasserreichthum. Die 23, nicht alle verwendeten Quellen liefern 61 C. F. in der Minute, und zwar der Kochbrunnen, die Hauptquelle nach Mächtigkeit, Wärme und Salzgehalt: 17 C. F., die Adlerquelle 7, jene des jetzt im Umbaue begriffenen Schützenhofes 6⅔ C. F. Diese 3 Quellen liegen an dem Fusse des früher erwähnten Römer- und Heidenberges, auf einer der Richtung der Langgasse folgenden Linie, die von Nordosten nach Südwesten zieht. In ihre Fortsetzung fällt der sogen. Faulbrunnen von nur 10° R. Wärme und dem halben Salzgehalt des Kochbrunnens, nebst geringen Mengen Schwefel. Die übrigen warmen Quellen treten zwischen Kochbrunnen und Adlerquelle, wesentlich zwischen Spiegel- und Unterwebergasse, nach Osten zu, an verschiedenen Stellen des Bodens zu Tage.

Das Mineralwasser des Kochbrunnens, sowie der neben ihm hervorbrechenden Quelle des Badhauses zum Spiegel ist 55⁰ R. warm, dasjenige der Adlerquelle. 50. Mit der Entfernung von diesen beiden sinkt die Temperatur der übrigen etwas — auf 48, 46, 40 (Schützenhof), 38 bis zu 30⁰ R. Die Bäder, welche in der Regel 27⁰ R. warm zur Anwendung kommen, werden also dadurch in ihrer Wirksamkeit nicht berührt

An der Quelle ist das Wasser des Kochbrunnens klar und farblos und zeigt nur in grosser Menge eine schwache Trübung. Dasselbe riecht unbestimmt fade. Sein Geschmack gleicht demjenigen einer schwach gesalzenen Fleischbrühe.

Seine Wärme beträgt 55⁰ R. oder 69⁰.25 C. und in dem Sprudelbecken, aus welchem dasselbe zum Trinken geschöpft wird, 54⁰ R. = 67⁰.5 C.

Von den aufsteigenden Gasen — Stickgas mit Spuren von Sauerstoff und Kohlensäure — ist das Wasser beständig in siedender Bewegung. -

Nach Fresenius enthält ein Pfund (7080 Gran) Wasser des Kochbrunnens

an festen Bestandtheilen:

Chlornatrium	. . .	52.49779 Gran
Chlorkalium	. . .	1.11974
Chlorlithium	. . . .	0.00136
Chlorammonium	. .	0.12841
Chlorcalcium	. . .	3.61720
Chlormagnesium	. .	1.56603
Brommagnesium	. .	0.02762
Jodmagnesium	. .	unendl. kl. Spur
Schwefelsauren Kalk		0.69289
Phosphorsauren Kalk		0.00299.

Arsensauren Kalk	.	0.00115
Kohlensauren Baryt		Spur.
Kohlensauren Strontian		Spur.
Kohlensauren Kalk	.	3.21055
Kohlensaure Magnesia		0.07979
Kohlensaures Eisenoxydul	. . . .	0.04339
Kohlensaures Manganoxydul	. . . .	0.00453
Kohlensaures Kupferoxyd	. . . . .	unendl. kl. Spur
Kieselsäure	. . .	0.46018
Kieselsaure Thonerde		0.00392
Organische Substanz		Spuren
		63.45729 Gran

an Gasen:

Kohlensäure	. . .	6.416 Cb.-Zoll
Stickgas	. . . .	0.103 „

Vorwaltender Bestandtheil, ⁵/₆ der festen Stoffe ausmachend, ist nach dieser Uebersicht das Kochsalz (Chlornatrium), daher auch für die innere Anwendung der wichtigste.

Die Wärme wirkt bei Magenleiden und Katarrhen der Athmungswerkzeuge beruhigend und erleichtert bei der Trinkcur überhaupt stets den Uebergang des Wassers aus dem Magen in das Blut, seine sogen Verdaulichkeit. Mit der Bezeichnung »warmes Kochsalzwasser« lässt sich hiernach die Bedeutung des Wiesb. Wassers als Heilmittel im Allgemeinen ausdrücken.

Eine Uebersicht der bedeutenderen, in ähnlichen Krankheiten, wie das Wiesbadener Wasser gebräuchlichen Mineralquellen, wird die Stellung des ersteren mehr hervortreten lassen und zeigen, dass es ebenso kräftig als milde ist, indem es seinen festen Bestandtheilen nach etwa die Mitte einnimmt.

		Feste Bestand- theile Ggw.	Chlornatrium (nebst Chlor- Nat. u. Kal. Schwefels- Mag. u. Kali)						Kohlen- säure C
Teplitz	16.3	4.54	0.44				9.22	8.006	0.75
Baden-Baden	54	45.11	16.00 [3.00]		1.75	1.66	0.12	8.5
Aachen	40	21.00 [5.35]	20.17	[0.004] [3.027]		7.41 [4.99]	0.07	4.05
Soden 3.	18	36.72	21.31 [6.31]	[0.005]		7.51	0.004	36.5
Cannstatt	40.6	30.49	18.24 [7.58] [8.43]			7.29	8.70	23.5
Karlsbad	50	44.49	8.72 [24.33]	0.02		4.01 [9.34]	0.76	32.7
Adelheidsquelle (Heilbronn)	8	46.15	39.05 [10.04]	0.73 [0.36]		0.66 [6.31]	0.57	13.18
Wiesbaden	55	83.45	52.40	[0.001]	3.01	3.21	0.04	3.46
Kissingen	3	55.86	62.05 [2.00] [2.40]	[0.79]	[6.26]	6.05	0.84	26.30
Kreuznach	16	98.21	13.85 [3.43]	0.03 [0.27]	13.08 [4.04]	1.89		3.3
Homburg	5	169.50	70.15 [0.38]		7.70 [2.70]	13.00	0.18	14.6
Soden 4.	13	327.85	102.30 [6.43]		10.08		0.11	29.9
Nauheim	30	520.41	343.94	9.62	14.90 [2.60]	16.38	0.30	12
Rehme	126.3	313.44	258.30 [42.69]		18.90	10.43	2.00	

* Noch weniger feste Bestandtheile haben Wildbad: 3.54 mit 1.93 Chlornat. und 36° R.;
  Gastein: 2.62 mit 1.49 schwefels. Nat., 37° R. und Pfäffers: 1.78, 29°.8 R.
** 0.07 Schwefelnatrium.
*** 8.02 Organgas; 6.54 Stickstoff.

Die Bad-Einrichtungen.

In früheren Jahrhunderten und noch in dem ersten Decennium des gegenwärtigen, beschränkte sich der Gebrauch des Thermalwassers zu Wiesbaden nach alter Sitte auf eine Badcur. Man erblickte in einem, nach steigender Progression, verlängerten Gebrauche das wahre Heil des Bades. Mehrere und selbst 4 Stunden blieb der Kranke allmälig in dem Bade, wiederholte dasselbe auch täglich noch ein-, selbst 2mal. Und die Neuzeit hat wirklich den Nutzen solcher länger ausgedehnten, und ebenso der wärmeren Bäder für einzelne Krankheitszustände bestätigt. Das Trinken galt damals als Nebensache, wurde wohl von einem einsichtsvollen Arzte hier und da zugezogen, aber erst im 3. Decennium unseres Jahrhunderts, und namentlich durch Peez, wieder in seine Rechte eingesetzt.

Zu Anfang des 18. Jahrhunderts gab es 24 Badhäuser,*) die nicht über

*) Das statistische Material ist den Mittheilungen des gegenwärtigen, sehr verdienten Badarztes von Wiesbaden, Herrn Obermedicinalrathes Dr. Müller entlehnt, der dasselbe bereitwillig zur Verfügung gestellt hat.

4 Bäder enthielten (Bären, Spiegel, Rose), gewöhnlich aber nur zwei, wie Adler und Krone. Welche Ausdehnung haben hiergegen die Badeinrichtungen im Laufe der Zeiten genommen! Gegenwärtig stehen 29 Badhäuser mit 795 Bädern zum Empfange der Curfremden bereit. Schon die einmalige tägliche Benutzung der vorhandenen Bäder würde im Sommer während 4—4½ Monaten 100,000 Bäder liefern, und für die meisten Badhäuser eine Anzahl, die nicht weit gegen diejenige, welche sie verabreichen, zurücksteht

Schon aus älterer Zeit stammt die noch heute vorherrschende Art der Badeinrichtung — der Bäderhallen. In grossem, oben ungetheilten Räume sind eine Reihe von Badzellen (bis zu 30) vereinigt, die nur entsprechend hohe Wände von einander scheiden. Einzelbäder finden sich indessen schon lange vor. Den rastlosen Bemühungen der Gegenwart ist hierin ein erfreulicher Fortschritt zu danken. Von Jahr zu Jahr mehrt sich die Zahl der Einzelbäder, wird ihnen ein grösserer Raum zugemessen und für die Bequemlichkeit der Badenden ausgedehnter Sorge getragen.

Die Badanstalten zu Wiesbaden sind bis auf das Civilhospital, sowie das Gemeindebad alle in Privatbesitz.

Das Wasser zu dem Badgebrauche wird theils während der Nacht in den Bädern abgekühlt, theils in besonderen Reservoirs, die mit wenig Ausnahmen in allen Badhäusern, in den grösseren doppelt, selbst dreifach vorhanden sind und einen bedeutenden Umfang haben. Auf diese Weise ist es möglich, während der Morgenstunden jeder Anforderung an eine grössere Bäderzahl zu genügen. Auf der Oberfläche des Badwassers bildet sich bei ruhigem Stehen eine ansehnlich dicke, zusammenhängende Salzhaut; sobald natürlich aus dem Reservoir eine Badwanne gefüllt wird, gelangen höchstens Bruchstücke derselben in das Wasser. Es ist daher die Abwesenheit einer Haut durchaus kein Zeichen schon gebrauchten Wassers, noch auch angesichts der jetzigen Vorrichtungen zum Abkühlen, sowie der Sorgfalt der Badbesitzer, die in ihrem eigenen Interesse handeln, die Verwendung solchen Wassers zu befürchten.

Vorrichtungen zu Douchen sind in allen Badhäusern, auch mit den nöthigen Apparaten den Strahl in seinem Durchmesser zu vermindern und in eine Regendouche aufzulösen.

Die früher viel vorhandenen Dampfbäder finden in neuerer Zeit wenig Verwendung mehr, und haben sich daher nur noch in einzelnen Häusern erhalten. Manche Badhäuser haben auch Einrichtungen zu Süsswasserbädern getroffen, denen nach Bedürfniss andere Stoffe zugesetzt werden können.

Noch immer ist der Badgebrauch zu Wiesbaden, wie in alter Zeit, ein sehr allgemeiner und im Hinblick auf die Wirksamkeit des Bades gewiss auch mit vollem Rechte. Die Trinkcur hat indessen nach und nach sich gleiches Ansehen erworben und wird kaum seltner zur Anwendung kommen. Ueber ihre Ausdehnung ist es jedoch schwierig sich zu vergewissern, dagegen liefert die Bäderzahl ein anschauliches Bild von der Grösse des Badlebens zu Wiesbaden. In dem verflossenen Jahre (1865) wurden in 30 Badhäusern — der Schützenhof war damals noch nicht abgetragen — im Verlaufe von etwa 4 Monaten: 113,498 Bäder gegeben, also fast 950 jeden Tag; ausserdem wurden 6,000 Douchen, oder 50 täglich, angewendet.

Es erhellt sofort, in welchem Maasstabe Wiesbaden Zufluchtsort für Kranke und Luxusbad ist, und desshalb mögen auch in letzterer Beziehung noch einige Angaben über den Fremdenbesuch überhaupt, sowie über das Wachsthum der Stadt eine Stelle finden. Im Jahre 1800, bei 2000 Einwohnern, betrug die Zahl der Curgäste 900; 1825 bei 6000 Einwohnern, 4000; 1848—8000; 1849—7950; 1850 —14,157; 1855—25,334 bei 15,500 Bewohnern; 1858—28,700; fiel dann aber wieder und war 1860—25,438; 1862 selbst 23,601, von welcher Zeit sie rasch von Neuem anstieg: 1863 - 29,316 und 1865 bis Anfang Nov. 30,000, bei 26,535 Bewohnern. Von 1848—1858 besuchten überhaupt 195,157 Curfremde Wiesbaden und von 1858 bis einschliesslich 1865 — 219,529. Nach Nationalitäten vertheilten sich die Curfremden in den Jahren 1858—1865 nach Müller's Zusammenstellung folgendermassen: 101,031 Deutsche; 16,935 Engländer; 13,997 Niederländer; 11,699 Franzosen; 10,896 Russen; 4593 Amerikaner; 2039 Polen; 1756 Oesterreicher; 1496 Schweden; 1260 Schweizer; 1089 Italiener; 916 Holsteiner und Dänen; 779 Moldauer, Türken und Griechen; 190 Spanier und Portugiesen.

Wirkungsweise und Krankheitskreis des Wiesbadener Wassers.

Das Wiesbadener Wasser ist nicht schwer verträglich, befördert vielmehr die Verdauung, am auffallendsten wenn die Verrichtungen des Unterleibes durch katarrhalische Affectionen gestört sind. Die dabei vorhandenen krankhaften Vorgänge der Verdauung werden in kurzer Zeit zur Norm zurückgeführt.

In das Blut übergegangen richtet sich sein Einfluss in einer Reihe von wichtigen Krankheiten, von welchen gerade der Ruf Wiesbadens ausgeht, gegen die abnorme Ausscheidung aus dem Blute, die den bestehenden örtlichen Veränderungen zu Grunde liegt. Indem das Mineralwasser die weitere Ausscheidung beschränkt, erlangt der Körper wieder die Fähigkeit durch den natürlichen Gang der Aufsaugung die ausgeschwitzten Massen zu bewältigen, und hierdurch werden dann Gelenkanschwellungen, Vergrösserungen der Organe, überhaupt chronische, entzündliche Ablagerungen der verschiedensten Art zur Rückbildung gebracht.

Das Bad, das in der Regel 27° R. warm genommen wird, befördert die natürliche — unmerkliche — Hautthätigkeit und den Körperstoffwechsel überhaupt, beruhigt ausserdem durch den milden, der Temperatur der Körperoberfläche fast gleichkommenden Wärmegrad das Nervensystem und vorhandene lokale Gefässreizungen, bewirkt aber auch durch die dabei stattfindende grössere Blutanhäufung in den äusseren Theilen eine kräftige Ableitung von den inneren Organen.

Die Krankheiten nun, gegen die das Wiesbadener Wasser mit günstigem Erfolge innerlich gebraucht wird, sind theils chronische Verdauungsstörungen, theils Anschwellungen der Gelenke nach Rheumatismus und Gicht, ähnliche Veränderungen der Drüsen, Knochenleiden nach einfachen Entzündungen oder Verletzungen, Frauenkrankheiten, Nervenleiden, Erkrankungen der Brustorgane, soweit sie den Salzwassern zukommen, der Haut und dgl.

Das Bad unterstützt hierbei wesentlich die Trinkcur, heilt auch vielfach die genannten Krankheiten schon allein und bildet in Leiden des Nervensystems, insbesondere bei Nervenschmerzen selbst das Hauptmittel.

Anleitung zu einem zweckmässigen Curgebrauch.

Für die Durchführung der Cur ist unter allen Verhältnissen die Natur der krankhaften Störungen massgebend. Je tiefer das Verständniss hiervon, um so sicherer werden sich die richtigen Wege in jeder Hinsicht einschlagen lassen. Aus diesem Grunde dürfte der Kranke sich immer zu dem Rathe seines Arztes hingezogen fühlen, der, an dem Badort gerade auf das Studium aller in Frage kommenden Krankheiten angewiesen, gewissermassen zum Spezialisten wird. Die in Nachstehendem versuchte Auseinandersetzung über den Curgebrauch soll den Kranken daher auch nur veranlassen den ärztlichen Anordnungen mit grösserer Hingebung nachzukommen. Unternimmt derselbe aber ohne solche Leitung die Cur, so möge er stets eingedenk sein, dass der Ablauf der Krankheiten, ihre Heilung, sich wohl beschleunigen, aber nicht erzwingen lässt. Die Cur ist weder nach einer Richtung zu übertreiben, noch ist nach einer andern etwas zu vernachlässigen, soll ein günstiger Erfolg dieselbe krönen. Als Ziel muss die Herstellung einer dauerhaften Gesundheit vorschweben. Neben der Beseitigung der vorhandenen krankhaften Zustände kann nichts naturgemässer eine kräftige und vollkommene Erholung herbeiführen, als eine gebodene Verdauung und gesunder Schlaf.

Trinkcur. Die Beseitigung chronischer Katarrhe der Verdauungswerkzeuge bildet auf der einen Seite die Aufgabe für die Trinkcur, auf der andern die Heilung einer Reihe sehr wichtiger Leiden: Anschwellungen der Gelenke (chron. Rheumatismen), der Drüsen (sog. scrofulöse Leiden), Brustkatarrhe, Nierenaffection u. dgl.

Das Wiesb. Wasser lässt sich in seiner natürl. Wärme sehr wohl schluckweise trinken, wird aber in den meisten Fällen abgekühlt verwendet. In der beschränkten Zeit, die dabei Betracht erhält, geht dann allein die Wärme verloren. Der Hauptbestandtheil, das Kochsalz, erfährt dabei ohne Zweifel gar keine Veränderung, so dass das Mineralwasser durch das Abkühlen an seiner Wirksamkeit offenbar gar nichts einbüsst.

Auf zwei Weisen pflegt man nun zu Wiesbaden zu trinken. Nach der einen nehmen die Kranken von dem frisch geschöpften Wasser in Zwischenräumen von 5—10 Minuten jedesmal eine mässige Menge, bis das ganze Glas geleert ist; sie trinken also anfangs warmes, später kühleres, selbst kaltes Mineralwasser. Nach der andern Trinkweise gebraucht man das natürlich warme Wasser nur da, wo dies nothwendig ist — in Magenaffectionen, bei chron. Durchfall, in Brustkatarrhen, weil der besänftigende Einfluss der Wärme hier unmittelbar Vortheil bringt. In allen andern Fällen, es sei denn kühles Wasser an sich zweckmässig, wird durch erkaltetes Mineralwasser, das von dem Brunnenpersonal in Krügen vom frühen Morgen her vorräthig gehalten und zu frisch geschöpftem im Verhältniss von ½ — ⅓ zugefügt wird, ein Wärmegrad hergestellt, der demjenigen des Magens (29⁰ — 30⁰ R.) nahe kommt. Von dieser Mischung wird nun eine bestimmte Quantität ;— bis zu ½ Glas voll — geradezu, jedoch ohne Uebereilung, getrunken und erst nach einer ½ stündigen Pause dieselbe Menge wiederholt und so allmählig das ganze Wasser eingenommen. Der Magen er-

hält nach dieser zweiten Trinkweise das
Mineralwasser stets in angemessener
Wärme und der Kranke ist nicht ge-
nötbigt das gefüllte Glas herumzutra-
gen, kann dadurch seinen Morgenspaziergang mehr ausdehnen. Hinsichtlich
der heilenden Wirkung des Mineralwassers stehen sich beide Trinkweisen
im Grunde gleich: ihre Wahl kann
also lediglich von der subjektiven Auf-
fassung des Arztes abhängen.

Für die Haupttrinkcur am Morgen
reichen 1½—3 Gläser vollkommen aus,
manchmal kann mehr Wasser eingenommen werden. Hüten muss man
sich indessen die Menge gerade da
zu steigern, wo der erwartete gute
Erfolg zögert.

Die Trinkcur beginnt am Morgen
gegen 6 Uhr, in den wärmsten Monaten selbst früher und endet in der Regel gegen 8 Uhr. Sie gebt dem Frühstück voraus, weil die nüchterne Magen die Aufsaugung begünstigt. Angegriffene Kranke nehmen wohl vorher etwas Kaffee oder Thee, je nach
Gewohnheit. In sehr vielen Fällen
wird hiermit das Trinken geschlossen,
doch findet ausnahmsweise noch um
11—12 Uhr am Vormittag und des
Abends 5 Uhr eine Wiederholung statt,
mit beschränkteren Wassermengen.

Zwischen den einzelnen Trinkzeiten gebt der Kranke mit Rücksicht
auf sein Leiden und seine Kräfte spa-
zieren und nach dem letzten Trinken
ebenfalls noch 20 Minuten bis ½ Stunde. Diese Bewegung begünstigt theils
die Verdauung des Min ralwassers,
theils ist sie zur Beförderung der Er-
bolung unbedingt nöthig. Die Trinkhalle nebst der daranstossenden Tau-
nusallee, sowie der nahe Curhauspark, die Wilhelmsallee und neue Anlage, eignen sich während der einzelnen Trinkzeiten selbst, zu den halb-
stündigen Promenaden. Bei schlechtem
Wetter beschränkt sich die Bewegung
mehr auf die Trinkhalle und die nahen
grossartigen Colonnaden (das Genaue-
ere s. S. 38 u. 45.)

Der äussere Gebrauch des
Mineralwassers. Die Vollbäder
und die Douche sind gegenwärtig in
Wiesbaden die gebräuchlichsten An-
wendungsweisen. Dampfbäder, sowie
Ueberschläge des Mineralwassers auf
äussere Theile kommen seltener zur
Verwendung und möge der Kranke
dazu stets specielle Anordnungen ein-
holen.

Das charakteristische der Vollbäder beruht in der Wärme des
Wassers.. Der Kranke hat desshalb
vor allem sein Augenmerk auf die
Herstellung des vorgeschriebenen Gra-
des zu richten. Die Grenze, welche
in dieser Hinsicht noch zwei Stufen
des warmen Bades streng scheidet, erhellt gleichfalls mit Bestimmtheit aus
den früheren Angaben, es ist die Ge-
sammttemperatur der Haut — 27°3
R. Steigt die Wärme des Bades über
diese hinaus, so wird dem Körper
Wärme zugeführt, — es findet eine
Erhitzung statt, wachsend mit den
Wärmegraden, wogegen bei Bädern
von nur 27° R. oder etwas darunter,
der ganze beruhigende und ableitende
Einfluss der Bäder sich vollkommen
geltend machen kann, ohne eine nach-
theilige Aufregung zu erzeugen. In
der Regel kühlt sich während des
Sommers das Bad im Verlaufe des
Gebrauches nicht so viel ab, dass es
des Zulasans von warmem Wasser bedarf und es genügt nur zu Anfang
auf den erwähnten, grösstentheils zweck-
mässigen Wärmegrad zu sehen. Sollten
bei sehr heissem Wetter die Bäder hier u.
da nicht unter 28° R. zu bringen sein, so
müsste bei allen angegriffenen Kranken,
das Bad durch gewöhnliches kaltes
Wasser auf diese Temperatur gebracht
werden. Es bedarf nach den voraus-
gegangenen Erörterungen keines Be-
weises mehr, dass in solchen Fällen
die Wirkung des Bades gar keine Ein-
busse erfährt.

Mit zwingender Nothwendigkeit folgt
aus der Wichtigkeit der Wärme für
den Badgebrauch der zweite Gesichts-

punkt — die Wichtigkeit der Dauer
und der Wiederholung des Bades.
Ohne allen Nachtheil kann in den
allermeisten Fällen mit 20 Minuten
begonnen werden. In den nächsten
Tagen möge man aber hierbei stehen
bleiben, und wenn dann der Eindruck sich nicht erschlaffend er-
weist, so kann man die Zeit ver-
längern auf $\frac{1}{2}$ Stunde und bald $\frac{3}{4}$
Stunden. Ueber eine Stunde wird in
Wiesbaden selten gebadet, und die
Erfahrung redet dieser Anschauungs-
weise durchaus das Wort; gewöhnlich
genügt selbst $\frac{1}{2}$ Stunde und führt ein
längeres Verweilen in dem Bade zu
keinem grösseren Nutzen, hält vielmehr durch Erschlaffung viel eher die
so nothwendige Erholung auf.

Als gewöhnliche und gewiss ganz
natürliche Folge des unausgesetzten
täglichen Gebrauches der Bäder, em-
pfindet der Kranke in der ersten Zeit,
meistens zwischen dem 3.—6. Bade,
eine Abspannung, ein Angegriffensein.
Will der Kranke diesen Zustand
vermeiden, so werde anfangs nur zwei
Tage hintereinander ein Bad genommen, bis der Körper an den Einfluss
der Wärme mehr gewöhnt ist. Man wird
indessen immer wohlthun, hier und da,
etwa nach 6 — 8 Bädern einen freien
Tag zu lassen; die raschere Zunahme
der Kräfte ersetzt reichlich den ver-
meintlichen Nachtheil der Unterbrech-
ung. Jedenfalls ist es ein sehr gutes
Zeichen für die Wirksamkeit von Wiesbaden, dass 3 Wochen als Durchschnitts-
zeit einer Cur sich ein Recht auf Geltung erworben haben. Nichtsdestoweniger muss man dieser heiligen Zahl 21,
alle und jede Wahrheit absprechen.
Wie kann man in langwierigen, ein-
gewurzelten Leiden, die an Badorten
fast allein in Frage kommen, in 7, 14,
21 Tagen den Ablauf erwarten? Die
Zeit der Cur bestimmt daher einfach
— der Erfolg. In anderen Badorten,
die von Kranken mit ähnlichen Leiden
aufgesucht werden, gelten in dieser
Hinsicht viel richtigere Badregeln: man

verlangt nicht in 21 Bädern, wie zu
Wiesbaden, die Genesung, sondern in
60 und 80.

In dem Bade ist absolute Ruhe
nicht nöthig und eine mässige Bewegung, wie sie sanftes Abwaschen des
Körpers mittelst eines Schwammes
wünschenswerth macht, sehr wohl zu-
lässig.

Nach dem Bade ist es zu Wiesbaden Sitte geworden — wieder zu Bette
zu gehen. Man muss diese Vorsicht
der, alten Aerzte, angesichts der Wirkung der Bäder, sehr weise nennen.
Der Kranke könnte, ohne in grössere
Abspannung zu 'verfallen, oft nicht
länger, als oben angegeben, in dem
Bade selbst verweilen; dafür tritt nun
das ruhige Niederlegen in das Bett
ein, das unter Beobachtung einer geeigneten Bedeckung, dieselbe Tendenz
wie das Bad weiter verfolgt, beruhigend zu wirken und ableitend auf die
Haut. Es liegt also durchaus nicht
die Absicht des Schwitzens vor, welche
eine vorgefasste Meinung hegen könnte.
Den Unterschied zwischen dem küh-
leren Bett und dem Bade gleicht der
Kranke, sofern sein Leiden es zulässt,
leicht aus und verhütet etwaigen Nachtheil durch einige leichte Bewegungen,
Reiben der Hände, sowie der Füsse
aneinander.

Die Badzeit fällt bis auf Ausnahmen in die Morgenstunden. Der Erfolg wird nicht erhöht noch geschmä-
lert, wenn man vor dem Frühstück
bei nüchternem Magen, der nur etwa
noch einiges getrunkene Mineralwas-
ser enthält, badet oder erst $1\frac{1}{2}$ — 2
Stunden nachdem man dasselbe eingenommen hat. An sich wäre es ganz
vernünftig, würde der Kranke nach
seinem Morgenspaziergang, einige Ruhe
geniessen und zugleich sein Frühstück
einnehmen. Das Bad hätte dann in $1\frac{1}{2}$
—2 Stunden dem Frühstück zu fol-
gen, also zwischen 8 und 12 — 1 Uhr
stattzufinden. Allein die Atmosphäre
erwärmt sich in den heissen Monaten
gegen Mittag hin zu sehr und es ist

manchmal schwierig ein mässiger warmes Bad zu erlangen, anders als durch
Benutzung der Zeit alsbald nach dem
Trinken. Angegriffene Kranke werden
oft gut thun frühzeitig zu baden,
selbst vor dem Trinken.

Die Douchen. Der mächtige
Eingriff, den diese auf den Körper
ausüben, verbietet mit ihnen zu spie-
len, auch namentlich ihre Anwendung,
dann gerade zu versuchen, wenn das
Kranksein hartnäckig unverändert
bleibt.

Wasser von der Temperatur des
Bades kommt gewöhnlich zur Verwendung. Das Bad wird vorher vollendet und dann zu der Douche geschritten.

Die Stärke derselben ist die Haupt-
sache. Kräftig muss sie da sein
wo es gilt zu reizen, besonders bei
schmerzlosen Ablagerungen an den äusseren Theilen. Hierzu sind alle vorhandenen Doucheapparate durchaus ge-
eignet. Man kann den Strahl auch
nach Bedürfniss dünner und dicker
machen. In andern Fällen — Nervenleiden — zur Belebung des Nervensy-
stemes überhaupt, bedarf es dagegen eines. viel weniger heftigen Strah-
les, den man höchstens etwa mit der
Regendouche erzielen kann, aber ei-

gentlich nicht mit dickem oder dünnem
Strahle, sondern indem man den Was-
serstrahl in schräger Richtung auf den
zu douchenden Theil auffallen lässt.
Man kann dann von einer gleitenden
Douche sprechen.

Die Dauer währt 5, 8 Minuten
und wo es blose milde Anregung
gilt, kürzer. Täglich zu douchen
ist gewöhnlich nicht nöthig, auch
fast nicht ausführbar: bei reizenden
Douchen wird die beleidigte Haut sich
so rasch nicht erholen und der Reiz
des getroffenen Theiles muss stets
wieder vorübergegangen sein, ehe von
einer neuen Anwendung die Rede sein
kann. Daher ist es auch nach dem
jedesmaligen Gebrauch durchaus nöthig
dem Körper noch grössere Ruhe zu
gönnen, als das Bad schon beansprucht.

Zum Schlusse darf die Bemerkung
nicht unterdrückt werden, dass der
Anordnung des Arztes noch gar man-
cher Punkt zu berücksichtigen über-
lassen bleiben musste, der hier nicht
erwähnt werden konnte. Hierher gehört z. B. die Anwendung des Frot-
tirens mit Bürsten u. dergl, welche
Verfahren man nicht nach ganz un-
klaren Begriffen in's Werk setzen
sollte.

Lebensweise und Diät.

Nach der Aufschrift jener Antoni-
nischen Bäder (S. 43) sichert nur
das bewusste Hingeben an den Zweck
der Cur, frei von jeder Beschäftigung,
einen ungestörten Lauf mit lohnendem
Erfolge. Selbst gewissenhaftes Trinken und Baden vermögen die Heilung
nicht zu erzielen, wenn Diät und Lebensweise, ja auch die Erheiterungen
hiermit contrastiren.

Je regelmässiger aber die ganze
Lebensweise in der Cur eingerichtet
und durchgeführt wird, um so mehr
bleiben Störungen fern. Der Trinkcur am Morgen folgt, wie früher erwähnt, das Frühstück oder das Bad

nebst der Stunde der Ruhe. Den übrigen Vormittag verbringt der Curgast
nach seiner Weise bei ungünstigem
Wetter mehr zu Hause, an schönen
Tagen im Freien und wandelt auch
wohl noch eine Weile in den schattigen Promenaden vor dem Mittags-
mahle. Zu welcher Zeit letzteres eingenommen wird, mag je nach der Gewohnheit von wenig Belang sein.
Die wärmeren Nachmittagsstunden
verfliessen am besten in heiterer Gesellschaft und im Freien. Doch ver-
gesse man nicht vor dem Abendessen,
das der Nachtruhe wegen nicht zu
spät zu legen ist, je nach dem Wetter

noch einen Spaziergang zu unternehmen. Diese verschiedenen Bewegungen sind ein mächtiges Anregungsmittel zur Steigerung der Esslust und weiterhin zur Neubildung und Erholung.

Die umfassenden Alleen und Parkanlagen, die weithin in den schönsten Laubwald sich erstreckenden, sehr gut unterhaltenen Fusswege, bieten die schönste Gelegenheit zu Ausflügen dar und die Benutzung dieses mächtigen Hilfsmittels jeder Cur, wird dem Fremden reichliche Früchte eintragen. Der Abend gehört wieder dem Privatvergnügen des Curgastes und legt ihm keine andere Verpflichtung auf, als Schritte zu meiden, die schädlich werden können. Dabin zählt unter anderm spätes Verweilen im Freien. Der Badende insbesondere, dessen Haut stets etwas empfindlicher wird, wahre sich vor Nachtheil.

Die Nachtruhe darf nicht zu spät aufgesucht werden. Die alte Annahme der Schlaf vor Mitternacht sei erquickender, ist wahrscheinlich in den periodischen Umläufen des Körpers begründet.

Sich vor neuen Erkältungen in Acht zu nehmen, ist eine nicht genug zu beherzigende Regel, die in Betreff der Lebensweise noch speciell hervorgehoben werden muss, namentlich angesichts der sehr zahlreichen Kranken, die, mit Resten rheumatischer Leiden behaftet, nach Wiesbaden strömen. Ausser dem Uebertreiben des Curgebrauches, der Bäder insbesondere, sind es die letzteren welche die Cur am häufigsten vereitln.

Es genügt nicht auf warme Bekleidung sorgsam zu halten; oft ist dieses Verweichlichen gerade das wirksamste Mittel sich zu verdärben. An kühlen, regnerischen Tagen, oder gegen Abend, auch wenn am Morgen eine frische Luft weht, dann besonders während des Sitzens im Freien, bei kleinen Reisen mit der Eisenbahn, ferner nach dem Bade, sofern der

Kranke sich ohne alle Umstände, d. h. ohne die nöthige Bedeckung auf das Sopha niederlegt, sind die Gelegenheiten, wo am leichtesten Erkältung stattfindet.

Die Diät erfordert im Allgemeinen eine kräftige Ernährung. Das gewöhnlich gesteigerte Bedürfnis nach Nahrungsaufnahme, sowie die wichtige Sorge für Erholung und gänzliche Herstellung sind hier massgebend. Selbst für einen wahrhaft Gichtkranken läge gewiss kein Nachtheil darin, wenn er sich an eine stärkende Kost halten würde, wäre sie nur einfach.

Nicht minder wichtig, ja, wohl von noch höherer Bedeutung, ist es für den Kranken, die Mahlzeiten angemessen auseinander zu halten. Nach genauen Versuchen erfordert die einer mässigen Mahlzeit entsprechende Menge Speisen schon 4 — selbst 5 Stunden, bis die Magenverdauung zu Ende gebracht ist; dann aber befindet sich der Magen noch fast eine Stunde lang in einer gewissen krankhaften Beschaffenheit, die einem oberflächlichen Katarrhe gleichzustellen ist. Erst nach 5—6 Stunden trifft man den Magen wieder in einem wahrhaft gesunden Zustande.

Drei Mahlzeiten genügen, doch beansprucht hier die Gewohnheit ebenfalls ein wichtiges Wort mit zu reden. Das Frühstück bestehe aus den vor der Cur gewohnten Speisen; eine substanziellere Zusammensetzung in fremdländischer Weise ist oft sehr vortheilhaft. In Reizzuständen aller Art, auch bei Brustkrankheiten, Nierenleiden u. dergl. sei dasselbe einfacher.

Den Mittagstisch wähle sich der Kranke nach seinen Verhältnissen, mit der oben ausgesprochenen Rücksicht Ueberladung zu meiden, auch nicht zu differente und vielerlei Speisen auf einmal zu geniessen. Im Uebrigen, da das Mineralwasser keine besondere Vorsicht auferlegt, nicht mehr als die gewöhnlichen Lebensregeln selbst, wird es auch nicht viel helfen, eine grosse Scala von gebotenen und verbotenen Speisen zusammenzustellen. Im zweifelhaften Falle entscheide man sich immer zunächst für das Verbot und appellire an eine bessere Einsicht und an den Rath des Arztes.

Vielleicht bedarf es zum Schlusse nur eines Blickes auf die süssen Speisen, Obst u. dergl. Sie gehören überhaupt alle zu den Erheiterungsmitteln. Backwerk fällt durch das Zusammenballen in eine teigige Masse vielfach der Verdauung schwer. Auch das Obst ist nicht leicht verdaulich, daher darf man es auch gar nicht so allgemein für eine gute Krankenkost halten, als in alten Zeiten wenigstens geschah. Am nachtheiligsten vor allem werden leicht sehr kalte Dinge, kaltes Bier, durch Eis gekältetes Trinkwasser, und besonders der Genuss des künstlichen Eises. Letzteres ist der fruchtbarste Anlass zu Verdauungsstörungen, die zu Wiesbaden aus Diätfehlern hervorgehen.

Geistige Getränke von guter Beschaffenheit und nicht zu reichlich genossen, beeinträchtigen die Wirkung des Mineralwassers nicht und werden die Erholung selbst öfter unterstützen.

Eine verbreitete Gewohnheit ist es, am Nachmittag Kaffee zu nehmen. Dem daran Gewöhnten, namentlich auch Jenem der an reich besetzter Tafel gesessen hat, mag derselbe dienlich sein. Im Allgemeinen hemmt aber der Kaffee durch seinen starken

Gerbstoffgehalt die Verdauung, wie jede Gährung.

Das Abendessen richte man im Wesentlichen nach dem Schlafe ein. Wird dieser leicht gestört, so falle dasselbe ja früh und sei mässig: ein fest Schlafender darf sich mehr erlauben.

Unter allen Verhältnissen erblicke der Kranke in einem einfachen mässigen und geregelten Leben, das die einzige Grundlage zur Erhaltung und Beförderung der Gesundheit bildet, auch den sichersten Weg Krankheiten zu überwinden.

Die Zeit für den Curgebrauch fällt in die Monate Mai bis Ende September, und ganz gewöhnlich eignet sich, nach der Beschaffenheit der Gegend selbst, der April schon durchaus zu einem Aufenthalt in Wiesbaden.

Ueber Mineralwasserhandlungen, von welchen sich zwei an dem Kochbrunnen selbst vorfinden, (Localführer S. 90.) Auch künstliche Mineralwasser, z. B. das Lithionwasser, sind vorhanden (Apotheken, S. 86).

Der Molkenanstalt ist S. 47 gedacht. Dieselbe besteht seit mehreren Jahren. Die Molken sind, wie allerwärts Ziegenmolken und von durchaus untadelhafter Beschaffenheit, wofür schon die von Jahr zu Jahr wachsende Zunahme ihres Verbrauchs Zeugniss ablegt.

Wintercur.

Der Gedanke Wiesbaden als Aufenthaltsort während des Winters für Kranke zu empfehlen, reicht eigentlich viel weiter zurück als derselbe vor mehreren Decennien, wesentlich durch die Bemühungen von Pcéz und Richter, zur Ausführung gelangte. Schon zu Ende des 17. Jahrhunderts finden wir ihn in medicinischen Schriften ausgesprochen; wohl ein Beweis, dass auch in jenen fernen Zeiten die günstigen Eigenschaften des Climas von Wiesbaden sich dem Beobachter aufdrängten. Die Witterungsverhältnisse während des Winters sind nun auch wirklich in vieler Hinsicht zu rühmen (s S. 107). Bis in den December hineln bleibt das Wetter meistens milde. In diesem Monat tritt wohl öfter für einige Zeit, zuweilen unter Schneefall, etwas Kälte ein, die jedoch wärmeren Tagen bald wieder weicht. Der eigentliche Winter naht in der Regel erst mit den zunehmenden Tagen im Januar, währt vielfach nur einige Wochen, um von Neuem in besseres Wetter überzugehen. Gegen die Mitte des Februar kehrt wohl noch einmal eine kältere Zeit zurück, obgleich auch ebenso oft von diesem Monat an, die Temperatur eine steigende Tendenz behauptet. Winter mit wochenlang dauernder Kälte finden sich in 10 Jahren wohl nicht zweimal; dass aber für Monate Eis und Schnee die Gegend gefesselt hält, davon lebt in dem Gedächtniss der Zeitgenossen fast nur die Erinnerung an die Jahre 1828 und 1845, als der ganze Continent von strenger Winterkälte heimgesucht war.

Einen ungefähren Massstab für den hiesigen Aufenthalt mögen nachstehende Angaben aus den Aufzeichnungen von Kranken bieten, die gegen Temperaturdifferenzen sehr empfindlich waren. Von den 150 Tagen des November bis März erlaubte die Witterung in einer Reihe von Jahren an 90—131 Tagen Spaziergänge im Freien zu machen, und nur in einem sehr ungünstigen Jahre beschränkte sich diese Zahl auf 84 Tage. Für weniger dem Einflusse der Witterung unterliegende Kranke, erhöhen sich natürlich obige Zahlen noch wesentlich. Kürzere Ausgänge in der Stadt sind unter vorstehenden Angaben nicht begriffen.

Die mittlere Wintertemperatur (Okt. — April) betrug nach 9jährigen eigenen Beobachtungen 3°, 9 R. und in den einzelnen Monaten:

	Okt.	Nov.	Dec.	Jan.	Febr.	März.	April.
das Mittel	8 1/4	3 4/9	1 5/9	[illegible]	1 1/2	3 2/5	7 1/6
die grösste Wärme	12 2/3	13 1/2	9	10	10	16 1/5	20 1/3
(Tag derselben)	(6.)	(7.)	(31.)	(1.)	(2.)	(27.)	(26.)
die grösste Kälte	— 2 1/3	— 10 1/4	— 11 1/4	— 17 1/2	— 12	— 7 2/3	— 3 1/4
	(31.)	(23.)	(26.)	(9.)	(19.)	(22.)	(8.)
Die Temperatur fiel in den einzelnen Monaten unter 0° R. im Mittel:							
überhaupt an Tagen	1/3	8 1/2	12 1/4	13 1/2	14 1/2	7 1/6	[illegible]
des Mittags an Tagen	0	4/7	4 1/4	7 1/6	2 1/10	1/6	0

Zu einem geeigneten Aufenthalte stehen dem Fremden in Wiesbaden in den mannigfachsten Preisabstufungen Wohnungen zu Gebote. Zum grössten Theil neueren Datums, sind letztere luftig und für die kälteren Zeiten in gleichmässiger Wärme zu erhalten. Die Badhäuser besitzen in dem heissen Wasser, das seinen Einfluss auf das ganze Erdgeschoss und die ausgedehnten Bäderräume ausübt, welche letztere mit den abgeschlossenen vielfach grossen Corridors in Verbindung stehen, noch eine weitere Quelle für ihre ununterbrochene Erwärmung. Und man muss sich ausserdem erinnern, dass in der Region der Quellen, welche zudem den Winden am wenigsten ausgesetzt ist, stets eine höhere Temperatur des Luftkreises herrscht, die natürlich auch den daselbst befindlichen Privatlogis zu Gute kommt.

Selbst dem Geräusche der Stadt kann der Fremde entgehen und gleichsam eines Landaufenthaltes geniessen, was, jedenfalls für Spätherbst und Vorfrühling seine angenehmen Seiten hat, wenn er in den von den Parkanlagen umgebenen Strassen seine Wohnung wählt.

Die genauen Angaben des Lokalführers (S. 73—80) werden dem Fremden die Auswahl einer Wohnung erleichtern, auch machen Affichen an den Häusern auf das Vorhandensein freier aufmerksam.

Wer in den Herbstmonaten sich schon nach Wiesbaden wendet, kann wohl stets eines guten, seinen Verhältnissen entsprechenden Aufenthaltes sicher sein. Nichtsdestoweniger erscheint frühzeitige Bestellung empfehlenswerth, weil später, geräumige Wohnungen weniglstens, nicht selten fehlen.

Richten sich Familien nicht etwa ihren eigenen Haushalt ein, so liefern die Gasthöfe und Restaurationen, oft auch Bad- und Privathäuser, in bequemer Weise den Mittag- und Abendtisch In eintretenden Krankheitsfällen sind die Hausbewohner gewöhnlich erbötig das Erforderliche zu verabreichen.

In geselliger Hinsicht bietet sich die reichste Gelegenheit zur Unterhaltung und Zerstreuung dar. Die Reunionssäle werden erst mit Ablauf des Jahres geschlossen und öffnen sich wieder Anfang April. Theater, Concerte und andere musikalische Aufführungen, hier und da auch öffentliche Vorlesungen, füllen dann noch reichlich die nicht den Spaziergängen und häuslichen Beschäftigungen gewidmete Zeit aus und bereiten den angenehmsten Genuss.

Für literarische Bedürfnisse sorgen Buch- und Kunsthandlungen und eine gut ausgestaltete öffentliche Bibliothek, welche den Fremden sehr liberal zur Verfügung stellt.

In einheimische Familien eingeführt zu werden, fehlt es auch nicht an Gelegenheit und es steht ausserdem der Aufnahme des Fremden in die verschiedenen geschlossenen Gesellschaften keine besondere Schwierigkeit entgegen.

Ausserdem knüpfen sich unter den zahlreichen Fremden selbst, je nach der Nationalität, leicht gesellige Verbindungen an und bestehen stets gewisse Vereinigungspunkte.

Ueberhaupt pflegt der Fremde dahier ein behagliches, ungezwungenes Leben zu führen und sehr häufig verwandelt sich der Winteraufenthalt später in eine feste Niederlassung.

Neben den Brustkranken sind es Nervenleidende und solche, die zu Rheumatismen neigen oder mit einigen Beschwerden behaftet sind, welche Wiesbaden aufsuchen. In der Regel liegt es weniger in der Absicht, eine wirkliche Cur zu gebrauchen, als nur den Einflüssen rauherer Climate während des Winters zu entgehen. Doch kann sehr wohl in solchen Fällen ein geeigneter Gebrauch der Bäder stattfinden, überhaupt eine Cur, wie sie bestehenden krankhaften Verhältnissen entspricht. Rücksichtlich der Bäder wird dann aber, da die Zeit nicht drängt, jede Uebereilung in der Aufeinanderfolge zu meiden sein; und um Erkältungen zu verhüten, empfiehlt es sich, den Gebrauch mehr auf den Abend zu legen und nachher das Bett nicht mehr zu verlassen.

Ein gut verbrachter Winter giebt eine erfreuliche Bürgschaft, dass das frühere Leiden mehr und mehr in den Hintergrund getreten ist und allmählig auch gesicherte Gesundheitsverhältnisse sich einstellen werden

Weitere Mittheilungen über Lebensweise, Diät, Wintercur etc., s. in dem S. 105 erwähnten medicinischen Führer von Hofrath Dr. Roth.

Führer durch die Umgegend.

Die näheren Umgebungen der Stadt.

Promenaden und Spazierwege.

Die Promenaden innerhalb der Stadt, gaben wir genau und erschöpfend schon betreffenden Ortes an. Es genügt, wenn wir auf jene Stellen verweisen. Dahin zu rechnen sind: der *Curhauspark* (S. 39), die *Anlagen des warmen Dammes* (S. 42), die *Wilhelmsallee* (S. 42), die *Trinkhalle* (S. 45), die *Anlagen des alten Friedhofs* (S. 55) u. s. f.

Die besuchteren Promenaden in der Umgebung danken zum grössten Theil den Bemühungen des Verschönerungs - Vereins ihre Entstehung und Unterhaltung.

An Kreuzungspunkten, hat der Verein fast überall Wegweiser errichten lassen, welche wesentlich zur Orientirung des Ortsunkundigen beitragen.

Der regen Unterstützung, welche die Curhaus-Administration den Bestrebungen des Vereins bisher stets angedeihen liess, verdient deshalb gleichfalls hier anerkennend gedacht zu werden.

Wiesbaden liegt inmitten so vieler schönen Punkte, dass im Grunde jeder Ausflug, jeder Spaziergang nach Süd oder Nord, nach Ost oder West belohnend ist und dass es zweifelhaft sein dürfte, welche Richtung man zu kleineren oder grösseren Excursionen am practischsten einzuschlagen hat.

Zur genaueren Orientirung dienen für alle folgenden Punkte, der beigegebene Stadtplan und die Karte der Umgebung, am Ende des Buches.

Alle Entfernungen sind im gewöhnlichen Spaziergänger-Schritt und von der Mitte der Stadt aus angegeben.

Zu den besuchteren Punkten (mit Restauration) in nächster Nähe der Stadt, zählen die nachfolgenden Etablissements:

1) Bierstatter Felsenkeller (vergl. den Stadtplan).

Weg: 1) Durch den Curhauspark, am r. Ufer des Weihers hin; am Ende desselben r. etwas zu Berg, zum Grünweg. Diesen durchschreitend bis zur nächsten Strasse (Gartenstrasse), hier links zu Berg und dicht vor dem Etablissement, die Bierstatter Chaussee überschreitend, wenige Schritte bergan, zus.: 22 Min.

Oder: 2) die Wilhelmstrasse entlang bis zum Museum. Diesem gegenüber in die Frankfurter Strasse l., bis zur nächsten Strasse (der Bierstatter) l., dann dieser folgend in grader Richtung bis zum Fusse des Etablissements. Hier den kleinen Hügel r. hinan. — Entfernung: 25 Minuten.

Oben Restauration und Bierwirthschaft. Schöne Aussicht. Wirth: A. Ditt. (S. 81.)

2) Dietenmühle (vergl. den Stadtplan).

Weg: Nicht zu fehlen; fast immer schattig. Vom Curhaus (Rückseite) am l. Rande des Weihers hin, in grader Richtung dem Rambach folgend, schöner Fusspfad. Bei einer kleinen Brücke gabelt sich der Weg

5*

(r, die Villa des Hofbauinspectors Ippel, 1. die des Grafen Galenberg). — 1. führt

1) ein neu angelegter *Fahrweg* am r. Ufer des Rambach hin, bis zur Dietenmühle r. und der Sonnenberger Chaussee 1.; daselbst die Actienbrauerei (s. u.) mit Wirthschaft.

(Schon unterwegs an einer kleinen Brücke: Wegweiser zur Actienbrauerei L.)

Der Fahrweg ist durch Brücken häufig mit dem Fusspfad verbunden.

2) Der *Fusspfad*, rechts bei dem Ippel'schen Hause, am 1. Ufer des Rambach hin, ist fast immer schattig. Bei der Weggabelung (S. 134) an einem Baume 1. des Weges, ein Wegweiser:

25 Min. nach Bärgrube Sonnenberg.

Man folge dem durchaus schattigen Fusspfade.

Unterwegs ein Wegweiser r., er zeigt zur Restauration Dietenmühle.

Der Pfad führt über eine Wiese in wenig Minuten 1. zum Etablissement (nur Fusspfad). —

3) *Eine dritte Weg-Abzweigung* beginnt, hinter dem Ippel'schen Hause, (S. 135) und ist fahrbar; um dieselbe zu erreichen, verlässt man den Curhauspark auf der r. Seite des Weihers, oder man folgt dem Fahrwege, vor dem Ippel'schen Hause r. abbiegend; dann hinter demselben 1., nicht zu fehlen. Der Verschönerungsverein lässt diesen Weg so eben neu herstellen.

Das Etablissement, an der r. Seite des Fusspfades und Hauptweges, etwas erhöht liegend, gehört zu der gleichnamigen, dicht dabei befindlichen Kaltwasserheilanstalt. (S. 83.)

4) Ein anderer sehr guter *Fahrweg* (Sonnenberger Chaussee) führt vom Ende der Trinkhalle, bei'm Berliner Hof beginnend. graden Weges dorthin. Vor, oder hinter den grossen Gebäulichkeiten der Wiesbadener Actienbrauerei, 1. der Strasse, wende man sich r. über eine kleine Brücke. — Entfernung: 20 Min.

Auf der Dietenmühle: Restaurant, Kegelbahn etc. Wirth: W. Schlissler. (S 81.)

3) Actienbrauerei (vergl. den Stadtplan).

Weg: Derselbe wie zur Dietenmühle (S. 133). Das Etablissement befindet sich der Dietenmühle gegenüber, an der 1. Seite der erwähnten Sonnenberger Chaussee. — Entfernung: 20 Min.

In den Wirthschaftsgebäuden der Actienbrauerei: Bier u. Restauration, Terrasse. Wirth: Volk.

4) Neuer Geisberg (vergl. Umgebungskarte).

Weg: Von der Trinkhalle in der Taunusstrasse, Ende derselben r, (an der Ecke r. der Hamburger Hof), die Geisbergstrasse hinauf. Am Ende der letzteren, in der Richtung 1., bis zum Hause Sonneck. Hier abermals in der Richtung 1., bis zum Garten des Etablissements; oder vorher, am Rande desselben r. hin, wenig bergan, bis zum Restaurant. — Entfernung: 16 Min.

Oben: *Schöne Aussicht, Terrassen. Restauration, Café etc., Schiessstand, Kegelbahn etc. Wirth: E. Weiss.

5) Adolphshöhe (vergl. Umgebungskarte).

Weg: Nicht zu fehlen. Biebricher Chaussee, bei der katholischen Kirche beginnend (s. Rundgang S. 32), wenig bergan steigend, Fahr-, Fuss- und Reitweg. — Entfernung: 30 Min. (450' üb. M.)

Restauration und Bier. *Schöne Aussicht auf den Rhein. Wirth: C. Prinz.

Aussichtspunkte in unmittelbarer Nähe der Stadt.

6) Schöne Aussicht (auf dem Adolphsberg) **und Reservoir.**

a) *Fuss- und Fahrweg.* Von der Taunusstrasse, Ende der Trinkhalle (Ecke der Hamburger Hof), die (r.) Geisbergstrasse hinau; l. unten das Dambachthal mit dem Neroberg-Tempel und der griech. Capelle, bis zum deutlich sichtbaren Haus Sonneck. Hier r., Fahrweg, diesem folgend, in der Richtung immer r., nicht l. (der israelitische Friedhof bleibt l.) bis zu einer Pappelbaumgruppe mit Ruhebank. Fusssteig, dicht hinter dem Friedhof (s. Stadtplan). Entfernung: 15 Min.

b) *Ein zweiter Weg,* noch näher, aber steiler, führt beim Beginn der Trinkhalle einerseits und dem Beginn der Sonnenberger Chaussee andererseits, dicht am Privathôtel Berliner Hof, oberes Ende der Wilhelmstrasse, herzauf, ebenfalls zur *schönen Aussicht.* Entfernung: 10 Min. (s. Stadtplan).

Die Aussicht selbst ist in der letzteren Zeit durch Bauten und das Heranwachsen der umstehenden Bäume sehr beschränkt.

Man wähle deshalb von hier, den nur wenige Minuten weiteren Weg bis zum sog.

• Reservoir (in Wahrheit: schöne Aussicht, 522' üb. M.)

Von der schönen Aussicht bergab, in der Richtung zur Wilhelmstrasse. Hier bleibe man l. auf dem Fahrweg, schreite hinter dem Palais Pauline (S. 67) und Gärten hin, bis zu dem (nur 5 Min. von der schönen Aussicht) l. auf mässiger Erhöhung liegenden Reservoir. Fusspfad l., vom Fahrweg ab (s. Stadtplan).

Die Anlage um das Reservoir bietet jetzt die ausgedehnteste und lohnendste Rundschau über Stadt und Umgebung. Ruhebänke. — Das Reservoir versorgt den grossen Weiher des Curhausparkes und dessen Fontaine mit Wasser (S. 41).

Aussicht: Zu Füssen die Stadt; in der Ferne in grader Linie Mainz und das Rhein, dicht unten das Curhaus mit den Anlagen, mehr l. die Bierstätter Warte (S. 157) — Ganz r. das Nerothal, die Höhen des Nerobergs, der Tempel auf demselben und die Capelle. Nach l., im Vorblick, zieht sich die Frankfurter Strasse hin, in der Richtung nach Erbenheim (S. 159) und in grader Linie vom Standpunkt erkennt man das Mühlthal mit den darin beginnenden Schienenwegen der Taunusbahn und der Herzogl. Staatsbahn; r. der Beginn des gesegneten Rheingau's, r. überragt von den Höhen des rheingauischen Gebirges, den Rabenköpfen, Hallgarter Zange u. s. f. — Gradaus n. l. in der Ferne die Berge der homburgischen Pfalz. Im Hintergrunde des Standpunktes die Höhen der Platte und der hohen Wurzel.

Rückweg. Von hier wieder hinunter auf den Fahrweg, auf diesem

a) entweder r., dann l. hinunter zur Stadt, obere Wilhelmstrasse, oder

b) auf dem Fahrweg l. wendend, dann r. über die Wilhelmshöhe und den Leberberg, bergab zur Sonnenberger Chaussee und auf dieser r. zur Stadt; oder auch durch die Anlagen des Curhauses, l. an dem letzteren vorüber, zur Stadt zurück.

Für schöne Aussicht und Reservoir, zusammen ohne Aufenthalt ca. 35 Min.

Promenaden und kleinere Ausflüge.

Die Anlagen des Verschönerungs-Vereins (A. d. V. V.) sind dem Schutze des Publicums empfohlen.

7) Zur griechischen •Capelle (s. Umgebungskarte).

Wege: a) Von der Trinkhalle graden Weges durch die Taunusstrasse, bis zum Ende derselben und dem Eingang des Nerothals (Elisabethenstrasse). Dieselbe entlang (r. das Sommeretablissement „Loreley", Restaurant (S. 82) und gegenüber, über den Bleichwiesen, die grossen Gebäude des Müller'schen Felsenkellers. Bierwirthschaft (S. 82). Am Ende der Elisabethenstrasse (7 Min.):

Wegweiser: Nach der Capelle; über den Neroberg; nach dem Speyerskopf; über die Felsengruppe; nach der Trauerbuche u. nach der Platte. — Nach dem Neroberg, Speyerskopf und der Leichtweisshöhle. Links nach der Schützenhalle, Walkmühle, Holzhackerhäuschen, Fasanerie, Schläferskopf, dem Chausseehaus und rothen Kreuz.

r. der Augustenberg, Schiessstand des Wiesbadener Schützencorps und Steinbrüche. Nun auf dem Fahrweg r., bis zur nächsten Abzweigung (3 Min.). Hier, Angesichts der Capelle, r. steigend, Fahrweg bis zur Höhe (10 Minuten), nicht zu fehlen. l. die Mauern der Domanialweinberge. — Unterwegs Ruhebänke. — 7 Min. nach Beginn des bergan steigenden Fahrweges l., Wegweiser zum Neroberg.

Ziemlich steiler Fusspfad in 12 Minuten bis zum Neroberg.

Entfernung zur Capelle, zus. 20 Min. — Oben *schöne Aussicht. (Weiteres über die Capelle S. 62).

b) Fahrweg. Am Ende der Trinkhalle, r. die Geisbergstrasse hinan (r. Ecke der Hamburger Hof), bis zur ersten Strassenabzweigung l., der Capellenstrasse; diese in grader Linie verfolgend (r. das chemische Laboratorium von Prof. Fresenius, weiterhin l. die Schirm'sche Handelsschule) über den Bergrücken mit Aussicht, bis zum Waldrande. Wegweiser (zur Capelle und dem Neroberg), bei diesem links durch schattige Waldung, bis zum russischen Friedhof (S. 66), dem Hause des Verwalters mit Militärwache (S. 63) und zur Capelle. Entfernung, zus. 30 Min. (Weiteres S. 62).

c) Weg durch's Dambachthal. Schöner, nach 11 Uhr Morgens schattiger, Fusspfad. (Anlage des Verschönerungsvereins). Beginn des Weges an der Trinkhalle (r. Ecke der Hamburger Hof). Dann die Geisbergstrasse hinan bis zur ersten Strassenabzweigung l., der Capellenstrasse. In dieser entweder

1) r. bei dem Wegweiser:

Zur Capelle 25 Min. — Neroberg 30 Min.; Speyerskopf 45 Min.; Leichtweisshöhle 1 St. — Platte 1½ St. — Felsengruppe 1 St. — Trauereiche 45 Min. — Rettungshaus 1 St.

die erste Strasse, Fusspfad, zwischen Häusern beginnend, oder

2) r. die zweite Strasse,

Wegweiser: Nach der Capelle und Neroberg, Speyerskopf und Leichtweisshöhle. Trauerbuche, Platte, Felsengruppe, Trauereiche und Rettungshaus.

Fusspfad, durch das Dambachthal. Schönes Wiesenthal, z. Th. von Waldung und Weinbergen eingefasst. Nicht zu fehlen, bis zum Rande der Waldung (15 Min.). — Hier Wegweiser:

Nach der Capelle und dem Neroberg.

Hier a) entweder im Thale bleibend, Schatten, am Saum der Waldung hin, bis zum ersten grossen Fahrweg

Abzweigung r. zur Trauereiche, Rettungshaus und Geisberg; gradaus durch's Thal, Fortsetzung des Promenadenweges des Verschönerungs-Vereins.

und auf diesem abschwenkend l., den Fahrweg zur Platte überschreitend, in grader Richtung fort bis zur Capelle. Entfernung: 30 Minuten; oder

b) beim Waldrande l. etwas bergan, dem Waldwege, folgend, bis zu den *neun Eichen, einer hübschen interessanten Baumgruppe, mit schöner Aussicht durch die grünen Baumwipfel auf Mainz und den Rhein.

Von der Neuneichengruppe, in der Richtung r., den Weg weiter verfolgend, durch die Waldung, bis zum Fahrweg nach der Platte. Hier eine kurze Strecke r., dem Fahrweg nach, bis zum Wegweiser:

Zur Capelle, nach dem Neroberg und der Platte; durch's Wiesenthal nach der Stadt.

dann l. durch schattigen Waldweg bis zur Capelle. Entfernung: 30 Minuten.

Ueber den Neroberg zur Capelle: d) **Ein vierter Weg** zur Capelle (kleiner, aber lohrender Umweg über den Neroberg) führt durch's Nerothal bis zum Beginn des Waldes. Man folge dann dem unter Ausflug 7, Weg a) angegebenen Weg zur griech. Capelle, bis zum ersten Wegweiser am Ende der Elisabethenstrasse (S. 139). Hier kann man den Fahrweg r., oder den Fusspfad l. am Bachufer wählen. Der Fahrweg führt durch die ganze Ausdehnung des Nerothals an der l. liegenden Kaltwasserheilanstalt Nerothal (S.

89) und an dem dicht an der Strasse l. liegenden Marienbrünnchen (S. 48) vorbei, bis zum Waldrande. — l. liegt das Restaurant Beausite (Cur- und Pensionsanstalt, S. 89). Am Waldrande r. (Wegweiser), in kleinen Serpentinen bis zur Höhe des Nerobergs (S. 144). Von hier r. den ersten Waldweg, oder l. den breiteren Fahrweg, dann nochmals r. bis zur Capelle. Entfernung, zusammen 50 Min. (Weiteres über die Capelle S. 62). —

8) In's Nerothal, zur Leichtweisshöhle und dem Herreneichen (s. die Umgebungskarte).

a) *Durch die Taunusstrasse*, bis an's Ende derselben (s. Stadtplan). Hier in grader Richtung fort, durch die Elisabethenstrasse (r. Restauration Loreley, l. Felsenkeller von Müller). Am Ende der Elisabethenstrasse, l. bei den Gebäulichkeiten des Paulinenstifts, ein Wegweiser (S. 139).

Von hier entweder l. am Bachufer hin, in grader Richtung fort (r. Kaltwasserheilanstalt Nerothal S. 89). bis zum Etablissement Beausite (S. 89) und hier bei dem Wegweiser:

Nach dem Neroberg 15 Min.; Trauerbuche 50 Min.; Platte 1 St. 40 Min. (r.) — Nach der Leichtweisshöhle 35 Min., Schützenhalle 30 Min., Walkmühle 25 Min., Kloster Clarenthal und der Passnerie 1 St., Holzhackerhäuschen 1 St., Chausseehaus und Schläferskopf 1 St. 40 Min. (L)

wieder rechts hinüber zum Fahrweg. Oder

b) *am Ende der Elisabethenstrasse* (bei'm Paulinenstift) r. auf dem Fahrweg bleibend, unten im Thal weiter.

Die Abzweigung r., etwas am Berg, führt zur Capelle und dem Neroberg. (s. oben, d.)

l. des Fahrweges das Marienbrünnchen (S. 48), etwas ferner Kaltwasserheilanstalt Nerothal (S. 89), und weiterhin Heilanstalt Beausite (S. 89). —

Bei letzterer zweigt wieder ein Weg r., zur Höhe des Nerobergs ab.

Der Weg zur Leichtweisshöhle bleibt unten im Thal, ist von hier ab schattig und nicht zu fehlen. Entfernung bis dahin, von der Stadt: 35 Min.

Ein kleiner Umweg führt 2) vor dem Etablissement Beausite l. ab und hinter demselben r. durch Waldung, schattig, ebenfalls zur Leichtweisshöhle. Der Weg wendet sich schliesslich wieder r. hinüber und ist nicht zu fehlen; er ist etwa 5 Min. weiter (Anlage des Verschönerungsvereins), als der unter 1) angegebene.

3) *Ein dritter Weg* über den Neroberg, durch's Dambachthal (s. Weg zur Capelle, Ausflug 7. c.) zusammen 1 St., ist vom Neroberg ab (S. 145) näher angegeben.

4) *Auch über die sog. Platter Chaussee*, 30 Min. von der Stadt, dicht vor der Schiesshalle des Wiesbadener Schützenvereins r. abzweigend, führt ein *Fahrweg* in 35 Min. zur Leichtweisshöhle.

Die *Leichtweisshöhle*, durch den Verschönerungsverein hergestellt und ausgegraben, lohnt den Besuch in jeder Beziehung. Abenteuerlich gestaltete Felsgruppen bilden eine malerische Grotte, gekrönt von einem Pavillon, geschmückt durch hübsche Naturbrücken, Wasserfall und Anlagen. — Ruhebänke. — Die Höhle soll chemals Schlupfwinkel eines berüchtigten Gauners und Wilderers Leichtweis (oder Leichweis) von Dotzheim (um 1780) gewesen sein, der im Wiesbadener Zuchthaus starb. Die Höhle soll ihm gleichzeitig als sicherer Verwahr für die geraubten Gegenstände gedient haben; sie hat eine Längenausdehnung von ca. 100 Fuss und führt mitten durch die pittoresk aufgeschichteten Felsblöcke. Der Besuch der Höhle is jedenfalls anzurathen und interessant. Im Innern derselben, eine Seitenhöhle mit Tisch und Ruhebänken. Die Eingangs- und Ausgangsthüren zieren zwei, in Baumrinde dargestellte, Figuren. — Dem Wächter derselben ein kleines Douceur. —

Von der Leichtweisshöhle führen Wege:

Wegweiser hinter der Leichtweishöhle:

Nach der Schützenhalle 20 Min., der Walkmühle 25 Min., nach dem Holzhackerhäuschen, Kloster Clarenthal und Fasanerie 1 St., Chauseehaus und Schläferskopf 1 St. 40 Min. — Herrenelchen und der Platte. —

Wege zur Stadt zurück:

1) r. der Höhle Fahrweg, dann l. Fusspfad, bei der Anstalt Beausite wieder auf den Nerothalweg mündend, oder ein

2) gegenüber der Höhle, bergausteigender Fusspfad über den Speyerskopf (S. 146) nnd den Neroberg (S. 144). Von da hinab zur Stadt, zus. 50 Min. Oder

3) ein Fahrweg durch das Thal vor der Leichtweisshöhle. Er mündet nach 40 Min. in den Idsteiner Fahrweg (S. 146). Hier r. an der Trauereiche vorüber. Über den Geisberg (S. 146) zur Stadt, zus. 1 St. 15 Min.

Ebenso führt von hier ein Fahrweg (Wegweiser: Nach Herrenelchen und der Platte) etwas bergauf, in 10 Minuten zu den

Herrenelchen (Walddistrict Münzberg, s. Umgebungskarte), muthmasslich Hegungsstätte eines altgermanischen Gaugerichtes. Einen freien Platz, mitten im Walde, umstehen 10 kräftige, vollkronige Eichen.

Von hier führt ein nicht zu fehlender Weg (erst Fahr- dann Fussweg) zur Platte (S. 145).

Oberhalb der Herrenelchen, 5 Minuten weiter, unbedeutende römische Gebäudereste. Auf demselben Wege weiter, von den Herrenelchen zus. 10 Min, Wegweiser: (Zur Platte, zu den Herrenelchen) l. auf einem Fusspfad, bis zu dem nächsten Fahrweg, hier abermals l. Der Weg mündet in die Limburger Landstrasse, die l. (nicht zu fehlen) am Friedhof vorüber zur Stadt, oder rechts zur Platte führt.

9) Zum Neroberg (s. Umgebungskarte).

Zum Neroberg führen alle unter Ausflug 7. Griechische Capelle (S. 137 bis S. 142) angegebenen Wege: a), b), c) u. d).

Hinter der Capelle (an allen Kreuzungsstellen Wegweiser) führen nicht zu fehlende Waldwege (in 8 Min.) anr Höhe des Nerobergs. Ein Weg beginnt direct hinter der Capelle, ein anderer führt mehr r., um die Wohnung des Verwalters und den russischen Friedhof, dann l. zu Berg, durch Waldung, schattig, hinauf. Man kann deshalb den Weg durch's Nerothal, durch's Dambachthal, oder durch die Capellenstrasse wählen.

Der °Neroberg (Neroberg), ein bequem zu erreichender Punkt (30 Min.), fast in nächster Nähe der Stadt, bietet ein überraschendes Panorama. Oben Säulen-Tempel. Schutzhalle und Restauration. — Ruheplätze. — (754' üb. M.).

Dicht unter dem Standpunkte des Aussichts-Tempels die gelobten Weinberge (Nerobergor) der Herzogl. Domaine, weiter unten das Nerothal und die malerisch liegende Stadt. Darüber hin erscheinen am diesseitigen Ufer Biebrich (S. 161), etwas weiter nach l., Mainz und das Silberband des Rheines. Ganz zur Linken: die Bergketten des Taunus, mehr in der Ferne: die Höhen der Bergstrasse und des Odenwaldes; der spitze vorgeschobene Bergrücken ist der Melibocus. Mehr in grader Richtung die Höhen und Ortschaften der hessischen Pfalz. Nach r. hinüber, der Beginn der gesegneten Fluren und die Höhen des Rheingau's diesseits des Rheins, und jenseits: die Berge des Gau's (Gäu's); in der Ferne der breitgestreckte Rücken des Donnersberges.

Vom Neroberg zur Capelle: (S. 141) nicht zu fehlen; Wegweiser. Vom Tempel aus angenommen (Waldseite), auf dem äussersten Fusspfade r., durch Waldung, schattig, in 6 Min. bergab (zur Capelle). Von da zur Stadt, nicht zu fehlen, in zus. 21 Min. (bergab).

Ein anderer Weg zur Stadt führt (vom Tempel aus) l., in Serpentinen zum Nerothal hinunter, bei dem Hause Beausite (S. 89) l. auf dem Fahrwege, oder gegenüber r. auf dem Fusspfade (Richtung nach der Stadt), in zus. 35 Min. nach Wiesbaden (bergab).

Vom Neroberg zur Platte (S. 147). —

Vom Neroberg zum Speyerskopf und Leichtweisshöhle (Wegweiser). Durch Waldung (vom Tempel aus l.)

Fahr- und Fussweg. Der Fusspfad zweigt bei'm Wegweiser l. ab und führt in zus. 15 Min. zur Höhe des isolirt hervorragenden

Speyerskopfes, mit einem charakteristischen, abgeschlossenen Landschaftsbildchen. Vom Speyerskopf (Richtung r.) in 15 Min., bergab, zur Leichtweisshöhle.

Vom Neroberg zur Felsengruppe (Wegweiser). Anfänglich derselbe Weg wie zum Speyerskopf (s. o.), auf dem Wege fort (nicht l. noch r. abzweigend), stellenweise ein wenig steigend und wieder abfallend, nicht zu fehlen, bis zur, in idyllischer Waldeinsamkeit liegenden (25 Min.),

Felsengruppe. Von hier gelangt man, r. vor der Gruppe zu Thal, oder über die Gruppe selbst, in 10 Minuten zur Leichtweisshöhle. (Von da Wege zur Stadt zurück s. S. 143).

Vom Neroberg hinunter oder weiter, orientiren überall die aufgestellten Wegweiser.

Rückweg vom Neroberg zur Stadt (der nächste):

Zu äusserst, r. vom Tempel, Wegweiser: nach der Capelle und dem Nerothal. Dann weiter l. nach der Capelle (S. 145), oder durch's Dambachthal und zur Stadt.

„Das Fahren und Reiten über diesen Fussweg ist bei Strafe verboten."

10) Zur Platte (s. Umgebungskarte).

1) Der nächste Weg für Fussgänger führt durch's Nerothal (S. 141) bis zur Leichtweisshöhle (S. 142) und von hier an den Herreneichen (S. 144). Von den Herreneichen folgt man dem Fahrweg, der in einen Fusspfad (District Münzberg) endet. — r. des Weges Waldung, links z. Th. Waldlichtung, bis zum Wegweiser links (Herreneichen und zur Platte). Vom Wegweiser ab, Tannengehölz, dann Fusspfad über Wiesen, hierauf durch Wald...Der Weg mündet, dicht unterhalb der Platte, in einen Fahrweg.

Hier l. wenige 100 Schritte bis zur Limburger Chaussee, dann r. zur Platte (zus. 1 St. 35 Min.).

2) Fahrweg (sog. Idsteiner Weg). Von der Trinkhalle durch die Geisbergstrasse hinauf (10 Min.), bei'm Haus Sonneck r., etwas weiterhin l., durch einen Hohlweg, bis auf die Höhe des Geisbergs (10 Min.). — l. das landwirthschaftliche Institut Hof Geisberg (S. 103), etwas weiter r. (3 Minuten), Wegweiser zum Rettungshaus (S. 101). — Dann weiterhin l. der Strasse (3 Min.), die Trauer-

elche (S. 148); bis hieher zusammen 25 Min.

Hier Abzweigung: l. in's Dambachthal (S. 139), r. Fusspfad nach Sonnenberg.

Nun auf dem Fahrwege weiter, r. und l. Kastanienbäume, weiterhin (25 Min.) r., Wegweiser: Nach Idstein und Wiesbaden.

Hier zweigt r. ein Weg nach Sonnenberg ab (35 Min.).

Von diesem Fahrwege kann man l. abzweigend, den Weg über die Trauerbuche (S. 148) gewinnen, wenn man bei der Strassenkreuzung (r. nach Sonnenberg) l. dem Hohlweg folgt (eine Birkenhütte, auf einem Baume angebracht, ist Augenpunkt). Bei einer Anhöhe l., Wegweiser. Dicht bei demselben r. führt ein schattiger Fusspfad in 7 Min. zur Trauerbuche, einem stattlichen Baume, von ca. 14 Fuss Umfang, am unteren Theile des Stammes.

Weitere Wege hieher, s. u.

Der sogenannte Idsteiner Weg wendet später l., steigt bergan und vereinigt sich dicht unterhalb des Schlosses mit der Platter (Limburger) Chaussee, zus. 1 St. 45 Min.

3) Ueber den Neroberg und die Trauerbuche. (Der schönste Fussweg zur Platte), s. Weg zur griechischen Capelle 7. Ausflug, Weg 4.) und dem Neroberg (S. 137 und S. 139).

Auf dem Neroberg Wegweiser, dem Tempel gegenüber, unter Bäumen: Fusspfad nach der Platte. — r. durch prachtvollen Hochwald, nicht zu fehlen, Ruhebänke. — (6 Min.) Wegweiser:

Nach dem Neroberg. — Nach der Trauerbuche und der Platte. —

4 Min. weiter, Wegweiser:

Nach dem Neroberg (10 Min.). Nach der Felsengruppe und der Leichtweisshöhle (l. ab).

Gegenüber, an einem andern Baum, abermals Wegweiser nach der Trauerbuche und der Platte.

5 Min. Wegweiser:

Nach der Platte. Nach dem Neroberg.

Schöne Waldwiese; im Vorblick die Platte, l. in den Bergen das Chausseehaus (S. 172) Nun auf dem Fuss- und Fahrweg über die Waldwiese, in grader Richtung fort. —

Nach 5 Min. Wegweiser: nach der Trauerbuche und Platte. l. Fusspfad, nicht r. — 2 Min. weiter, Wegweiser, Ruhebank, hübsches Thal im Vorblick; r. gegenüber ein Baum mit Jagdhütte. Hier:

Wegweiser: Nach dem Neroberg. — Nach der Trauerbuche und der Platte. — Auf der andern Seite des Baumes: Wegweiser nach der Leichtweisshöhle (20 Min.) und dem Nerothal.

Nun den Fahrweg kreuzend, auf dem Fusspfad weiter, durch Busch; schattig, nicht zu fehlen.

10 Min. Die Trauerbuche (S. 147).

Hier Wegweiser: Nach der Platte 45 Min. — Neroberg 35 Min. — Capelle 40 Min. — Stadt 55 Min.

Von der Trauerbuche folge man dem schattigen Fusspfad durch Hochwald, der erst gradaus (8 Min.), dann l. mässig bergauf steigt. Ueber einen Fahrweg und l. hinauf:

Wegweiser: Fusspfad nach der Platte.

Immer auf dem Fusspfad bleibend, nach 19 Min.

Wegweiser: Nach dem Neroberg und der Stadt. Nach dem Geisberg und der Stadt. — Nach der Platte.

Der Fussweg mündet in einen r. vom Thal aufsteigenden Fusspfad. Diesem in der Richtung l. folgend, vom letzten Wegweiser ab (5 Min.), wende man sich l., 30 Schritte vom Weg ab, durch den Wald, auf die deutlich sichtbare Wiese. *Schönes prachtvolles Bild, an die Voralpen erinnernd.

Nach 8 Min. mündet der Fusspfad auf einen Fahrweg, über diesen r. zu Berg und Angesichts des Schlosses, 6 Min. weiter, ist die Höhe erreicht. Entfernung, zus. ca. 1 St. 45 Min.

4) Fahrweg: Limburger, resp. Platter Chaussee. Vom oberen Ende der Schwalbacherstrasse r., an der Vorstadt Mariahilf und dem neuen Friedhof vorbei, nicht zu fehlen, steigend; immerfort Chaussee, zum Theil durch Waldung, in 1 St. 50 Min. bis zur Höhe.

Unterwege (25 Min. von der Stadt) zweigt von dieser Fahrstrasse l. ein Weg zum Schiessstand des Schützenvereins und der Walkmühle ab (Wegweiser) und 25 Min. weiter r. (Wegweiser), führt ein Waldweg von der Chaussee ab, am sog. Kieselborn vorüber, und über eine Waldwiese, um wenige Minuten näher zur Platte.

NB. Der Fusswanderer hüte sich bei dem oben fast stets herrschenden kühlen Winde vor Erkältung. Daher erst Rast im Försterhause anzurathen. Gute Restauration daselbst.

Die *Platte (1540', die Plattform des Jagdschlosses 1600 Fuss üb. M.)

Das herzogliche Jagdschloss wurde in den Jahren 1823—24 vom Baudirector Schrumpf unter Herzog Wilhelm erbaut; es steht auf der Höhe des Bergkammes und bietet von seiner Plattform aus, eine der grossartigsten *Rundsichten über das Rheinthal. Tubus oben.

Kennt ihr den schönen gold'nen Rhein
Mit seinem Duft und Sonnenschein,
Mit prächt'ger Strömung seiner Wogen,
Von Berg und Felsen kühn umzogen?
Mit seinen Burgen, hoch und luftig,
Und sagenreich und rebenduftig?
Dort weht ein Odem, lebensprühend,
Dort tönen Lieder jugendglühend,
Und Weinesdüfte wonnig quellen
Weit auf des schönsten Stromes Wellen.
Wie Stern an Stern so reiht sich dort
In Mannichheiten Ort an Ort,
An jedem Ort ein neuer Wein,
Hier goldig, dort im Purpurschein,
Man wandert aus, man wandert ein,
Man glaubt im Himmel gar zu sein.
                    Otto Roquette.

Der Besuch des Jagdschlosses ist in Abwesenheit des herzoglichen Hofes erlaubt. An der Rückseite des Schlosses (Eingang), zwei colossale Hirsche, nach einem Entwurfe Rauch's.

Das Innere ist dem Zwecke eines Jagdschlosses entsprechend eingerichtet. Schönes Treppenhaus mit Oberlicht. Prachtvolle Hirschgeweihe, Jagdtrophäen, Möbel zum Theil aus Hirschhorn. Die *Wandgemälde* von

Kehrer (Jagdscenen) sind sehr beachtenswerth.

In der Nähe (12 Min. vom Jagdschloss bis zum Verhau) ein *Saupark* (umzäunt, ca. 2200 Morgen). Besuch zur Zeit der Fütterung (4—5 Uhr Nachmittags) sehr interessant und durchaus ungefährlich. Standpunkt hinter einem geschützten Verhau (Hecke). Der Wildhüter unterrichtet die Gäste des Forsthauses jedesmal von der stattfindenden Fütterung. Die ca. 200 Insassen des Wildparkes erscheinen fast sämmtlich auf ein Trompetenzeichen. (Kleines Trinkgeld).

Als *Weg bergab* sei dem Fusswanderer empfohlen: entweder a) der unter 3) (S. 147) als Weg hinauf bezeichnete Fusspfad; oder b) von der Platte abwärts auf der Platter, resp. Limburger Chaussee, bis zum ersten Fussweg (nicht Fahrweg) l., durch Gebüsch (8 Min.). Dann 4 Min. weiter, einen Fahrweg kreuzend, über eine Waldwiese mit Allee (l. der sogen. Kieselborn) gradeaus, weder r. noch l., bis man die Platter, resp. Limburger Chaussee wieder erreicht. Auf dieser

(in 25 Min. l., Abzweigung des Weges zur Schiessshalle und Walkmühle)

am Friedhofe l. vorbei zur Stadt, zu bergab: 1 St. 30 Min. —

Auf diesem Wege kann man, sobald man die erwähnten Waldwiesen durchschritten und den Waldweg gewonnen, l., einen Promenadenweg einschlagen, der bei dem Wegweiser r. über die Hayreneichen (S. 144) und Leichtweisshöhle (S. 142), hinunter zur Stadt führt, zus. 1 St. 25 Min. (bergab).

Auch der unter 1) bezeichnete *nächste* Weg zur Platte, ist als *Rückweg* sehr empfehlenswerth.

11) Zu dem Herreneichen (über die Leichtweisshöhle, S. 141).

12) Zur Trauerbuche (über den Neroberg, S. 147).

13) Zur Trauerbuche (auf dem Idsteiner Weg, S. 146).

14) Zu dem neun Eichen (durch's Dambachthal, S. 139).

15) Zur Trauereiche (s. Umgebungskarte).

Der eine Weg über den Geisberg ist oben: Ausflug 10, nach der Platte, unter Weg 2) angegeben. — Der zweite Weg durch's Dambachthal findet sich oben: Ausflug 7, zur griechischen Capelle unter c).

3) Ausserdem führt der Weg über die Capellenstrasse, zur griechischen Capelle (s. S. 139, Ausflug 7, b), ebenfalls zur Trauereiche; wenn man sich bei dem letzten Wegweiser vor der Capelle, nach r. hinüber (statt l.) und über die sogen. Trift wendet.

Die Trauereiche, ein mächtiger Stamm von ca. 16 Fuss Umfang, bildet ein passendes Gegenstück zur Trauerbuche (S. 147). — Die Umgebung derselben ist ein ruhiges

idyllisches Plätzchen. Die Aeste des Riesenstammes hängen, an eine Trauerweide erinnernd, zur Erde nieder. —

Warum lässt du deine Zweige
Trauernd sinken, stolzer Baum?
Bist doch eine deutsche Eiche,
Wurzelst doch auf deutschem Raum!
Trinkest unsrer Sonne Segen,
Athmest unsre reine Luft,
Labst dich an dem kühlen Regen,
Saugst den frischen Morgenduft! — —
„Einen meiner bravsten Söhne
Sah ich elend untergehn! — —
Einsam ward er hier bestattet
Bei dem Weh'n der Abendluft,
Und, von frischem Grün beschattet,
Schläft er da in stiller Gruft. — —
Schlummern wird er lange Tage,
Dieser edle deutsche Sohn,
Bis nach donnerkräft'gem Schlage
Deutschlands Dämmerung entflohn. — —'
(v. Henninger's neu. Sagen.)

16) Zum Speyerskopf (s. Umgebungskarte).

Entweder über den Neroberg (s. S. 145), oder über die Leichtweiss-

höhle (s. S. 144).

17) Zur Felsengruppe (s. Umgebungskarte).

Entweder über den Neroberg (s. S. 143), oder über die Leichtweisshöhle (s S. 141). — Von hier führt ein Weg, gegenüber der Brücke an der

Höhle (Wegweiser), etwas steigend, in der Richtung l. (r. zum Speyerskopf S. 146), zur Felsengruppe. Von da zum Neroberg (s. S. 145).

18) Nach Sonnenberg, Rambach und dem Ringert (s. Umgebungskarte).

a) Der Fahrweg nach Sonnenberg, nicht zu schleyde Chaussee gleichen Namens (s. Stadtplan), führt in 35 Min. zum Dorf. Die Chaussee ist im Sommer staubig und Fussgängern nicht anzurathen.

b) Beginn des Fussweges (wie Promenade 2) zur Dietenmühle, (S.133), bis hier 20 Min. Auf dem Fusspfad bei der Dietenmühle, unten am Bache hin. Gleich hinter der Kaltwasserheilanstalt ein Wegweiser:

Nach der Ruine Sonnenberg ¼ St. — Zum Römercastell und nach Rambach ¾ St.

Hinter diesem Wegweiser, öffnet

sich nach 5 Min. das Thal, Ruine Sonnenberg wird einen Augenblick sichtbar. — 8 Min. weiter, erscheinen Dorf und Ruine. — (2 Min.) Beginn eines kleinen Bergrückens; die Sonnenberger Fahrstrasse ist l. sichtbar. Ruhebänke.— (4 Min.) Wegkreuzung.

Wegweiser nach Ruine Sonnenberg. — (2 Min.) Brücke über eine kleine Schlucht. (2 Min.)

*Ruine Sonnenberg
(Entfern. zus. ca. 35 Min.)

ward um 1200 von Heinrich II. oder dem Reichen und seinem Bruder Ruprecht IV. zum Schutze gegen die

kriegerischen Eppsteiner erbaut (S. 18).
Die Burgreste erheben sich auf einem
mitten aus dem Thal ansteigenden
Fels von Taunusschiefer. Von den
Eppsteinern zerstört, ward die Burg
1283 durch König Adulph wieder
aufgebaut. Der Ort erhielt 1351 von
Kaiser Carl IV. Stadtgerechtigkeit.
Die renov. Burgcapelle stammt von
1355. Seit 1611 war die Burg wenig
mehr in Benutzung. Die Franzosen
schleiften die Burg z. Th. 1689. Die
Reste wurden durch einen Restaura-
tionsbau grösstentheils vor weiterem
Verfall geschützt.

„Malerischer als diese Mauern mit ihren
Risson, mit ihren Gewölben, verwüstet und
doch unerschüttert, mit diesen Ephennetzen
und Strünchern, die sich hüka durch das Ge-
stein drängen, sind uns wenige Trümmer der
Vorzeit erschienen.“ Kirchner.

Es trafen wohl aus ihren Köchern
Die Pfeile, Krieg und Brand dies Dach.
D'ran weint Epheu aus hohlen Löchern
Jetzt der geraubnen Grösse nach.

Ein Bau prosmatisch fast und granitig,
Doch auch mit mildem Reiz geschmückt,
Weil er so väterlich und traulich
Zum nahen Dorfe niederickt.

Wie schön er prangt am Horizonte,
Begisht vom letzten Tagesbrand!
So schön, dass ich begreifen konnte,
Warum er Sonnenberg genannt.
(Dräxler-Manfred: Sonnenberg I.)

Im Thurme ein mittelalterlich ein-
gerichtetes Burgstübchen. Auf
dem Burgthurm hübsche, aber beschränkte Aussicht.

Wirthshah, auf der Burg, bei Zoppi.
Im Dorf: bei Jaquemar und bei Landin.

Von Sonnenberg direct zum
*Bingert:

Ein wenig steigender Weg (der
befahrenere Fahr- u. Feldweg) beginnt
gegenüber dem Burgthor. Von l.
nach r. (vor der Ruine stehend), der
zweite der Wege. Der erste führt
nach Dorf Sonnenberg und Rambach,
an den Steinbrüchen hin (S. 154). Man
behalte die Richtung immer l. Bei
der ersten Wegkreuzung, l. und gradaus; bei der zweiten Kreuzung steigend, und wieder in der Richtung l.

aus. vom Burgthor der Ruine 17 Min.,
bis zur Höhe.

*Der Bingert bietet eine,
leider noch wenig bekannte, prachtvolle Rundschau. Die umfassendste
in nächster Nähe der Stadt. Zwar
nur Feld (ohne Schatten und Ruhebänke), ist der Punkt dennoch im
höchsten Grade lohnend.

Aussicht: Unten Wiesbaden; ganz l.,
nach dem Hintergrunde zu, der Feldberg mit
dem erkennbaren Feldberghaus, näher hieter
Rambach: der Kellerskopf; ganz rechts: die
Platte, Neroberg und Capelle. Ferner: das
Rheingaugebirge mit dem Rabenköpfen, der
Hallgarter Zange, darüber hin: die Höhen unterhalb Bingerbrück, der Franzosenkopf, Boon-
wald; mehr in grader Richtung: der Donnersberg, die Berge der Pfalz und Mains. —
Etwas höher steigend, erkennt man auch
deutlich sämmtliche Berge der Bergstrasse und
des Odenwaldes.

Von hier kann man in 6 Min.,
grade über den Bergkamm, die Landstrasse erreichen, von welcher der
erste Weg l., durch Feld (5 Min.)
und an zwei Steinbrüchen mündend,
in weiteren 12 Min. nach (aus. 21 Min.)
Rambach führt (S. 155).

Von Sonnenberg nach Rambach
und zum Römercastell:

Entweder a) Fahrweg unten durch's
Dorf Sonnenberg, an der Stickelmühle vorbei, in aus. 25 Min.; oder:

b) Fussweg, vom Burgthor l. der
erste Weg, unter Tannen hin, dann
r. am Bergrande fort. etwas bergab. — r. Steinbrüche. — Man bleibe
immer am Bergrande. — l. unten Dorf
Sonnenberg. — (13 Min.) Brücke über
den Rambach. — Man bleibe diesseits.

Wegweiser: Nach dem Römercastell und
Rambach.

Der Fahrweg bleibt l. — (4 Min.)
die

Stickelmühle. Hier kreuzt der
Fussweg den. von Sonnenberg kommenden und r. nach Rambach führenden, Fahrweg (bis Rambach auf
letzterem noch 8 Min.). Die Capelle
ist sichtbar. Nun bei'm Wegweiser:
Nach dem Römercastell und Rambach
hinüber und auf dem Fusspfad weiter.

Dann etwas bergan, Nachmittags schattiger Weg (2 Min.). Zwei Wegweiser:

l. nach den germanischen Grabhügeln (schwer zu finden); r. unten weiter nach dem Römercastell und Rambach.

Nach 6 Min. Wegscheide, man bleibe auf dem Wege oben. Dann den Weg über's Wiesenthal, kleine Brücke, etwas bergan (7 Min.). Reizendes Thalbildchen. (Entfern. von Sonnenberg, zus. ca. 30 Min.; von Wiesbaden, zus. 1 St. 10 Min.)

Das Römercastell: Fundament-Mauern eines Römerbaues wurden auch hier in den Jahren 1844—59 blosgelegt und ausgegraben. Jetzt deckt eine Uebermauerung die Reste vor grösserer Zerstörung, jedoch ist die ungefähre Höhe in der sie blosgelegt wurden, durch eine Reihe rother Ziegelbacksteine angedeutet. Die Soldaten der 14. Legion G., sollen Erbauer dieses Castells gewesen sein.

Der in das Wiesenthal vorgeschobene Bergrücken, auf welchem Castell und Friedhof mit Capelle sich erheben, heisst der Querken.

Von hier weiter, bergan, auf dem Wege l. zur Capelle, wenig steigend. Der dichtbewaldete Berg l. ist der Kellerskopf (1462 Fuss). — Ende des Pfads (nach 5 Min.), r. durch das Portal, zum Friedhof und der Capelle (723').

Auf einer erhöhten Bank schöne Aussicht: In der Mitte Sonnenberg, einzelne Landhäuser von Wiesbaden, drüben die Berge l. der hessischen Pfalz, nach r. des sogen. Gau's (Gäu), nicht des Rheingau's. Im Hintergrund der langgestreckts Bergrücken ist der Donnersberg.

An Stelle der *Capelle* und des Friedhofs stand im Mittelalter eine Eppsteinische Burg, die durch Tansch 1369 an Adolph I. von Nassau kam. Geringe Reste, sowie der ehemalige Burggraben, sind noch vorhanden und zu erkennen.

Das weithin sichtbare Capellchen hebt den poetischen Eindruck des ganzen Ortes.

(Wirthschaft in Rambach bei: Roth.)

Von Rambach nach dem Bingert, Lindenthaler Hof und Bierstatt.

Vom Friedhof hinunter zur Landstrasse. Hier gabeln die Chausseen, r. kommt die von Wiesbaden und Sonnenberg, bergauf. — Man wähle die l. (nicht die hinunter in's Dorf), unbedeutend ansteigend. — r. werden die Höhen des Rheingaugebirges, Platte und hohe Wurzel sichtbar. Nach 12 Min. r. und l. Steinbrüche. Man verlasse die Chaussee und folge dem Fahrweg r. (näher). Nach 5 Min. beginnt ein Hohlweg.

Hier Abzweigung: Gerade vor dem Hohlweg r. ab, dann auf Feldweg, in 6 Min. auf den prachtvollen Aussichtspunkt *Bingert* (s. S. 154), die Mühe reichlich lohnend. Es ist rathsam bei Wagenfahrt auszusteigen. Dann zurück zur Chaussee.

L der Lindenthaler Hof im Grunde. In der Ferne Melibocus und Bergstrasse. Nun mit hübscher Aussicht auf der Chaussee fort, bis Bierstatt; von Rambach zus. 50 Min. (Bierstatt s. S. 158).

Oder vom Bingert nach Wiesbaden direct: Zurück auf den Hohlweg (s. S. 160) zus. 6 Min. — Hier auf der Strasse r. weiter, dann den nächsten Fusspfad r. über die alte Kirche (S. 159) bergab, durch einen Hohlweg, (die Dietenmühle bleibt r.) bis zu den Curhausanlagen, zus. 40 Min. (s. S. 160).

Von Wiesbaden nach Sonnenberg führt ein weiterer Fahrweg über den Geisberg und an der Trauereiche vorbei, dann über den sog. Idsteiner Weg, (s. S. 146).

und ein Fussweg durch die Taunusstrasse, Gleisberg- und die Capellenstrasse hinauf, dann durch's Dambachthal (s. S. 139) bis zum Fahrweg. Hier über die Trift r. ab (S. 147), bis zur Trauereiche (S. 151). Dann quer über den Idsteiner Weg, durch Feld (r. das Rettungshaus) hinunter in's Tennelbachthal, dem Fusspfad nach, steigend, dann wieder fallend, hinab bis Dorf Sonnenberg, zus. 45 Min.

19) Nach Bierstatt, über die Bierstatter Warte und Rambach (s. Umgebungskarte).

a) *Fahrweg.* Zwei Wege führen aus der Stadt bis zum Bierstatter Felsenkeller (Weg dahin s. S. 133). Hier die nicht zu fehlende Chaussee in grader Linie fort, bis zum Dorfe Bierstatt (aus der Stadt, zusammen 45 Min.).

b) *Wiesenweg.* Vom Cursaal ab, auf dem schattigen Fussteig zur Dietenmühle (S. 133). Bei dem Weg weiser: zur Restauration Dietenmühle, r., dem Fusspfad nach. An der Gabelung des Weges, nicht l. an oder hinter den Häusern und Gärten hin, sondern r. über die Wiesen. Der Weg mündet ¼ St. vor Bierstatt in die Chaussee, die von hier geraden Weges zum Dorfe führt (von der Stadt: 50 Minuten).

c) **Weg über die Bierstatter Warte.** 2 Wege bis zum Bierstatter Felsenkeller (s. S. 133).

Hier Wegweiser: Bierstatter Strasse.

Von da anfänglich auf der Chaussee fort. — l. erscheinen der Neroberg-Tempel, Capelle, Platte, Sonnenberg und Dietenmühle.

5 Min. hinter dem Felsenkeller, zweigt l. ein Feldweg ab nach Wiesbaden (L) und nach der Dietenmühle und Sonnenberg (r.).

6 Min. hinter dem Felsenkeller: r. Feldweg zur Warte. Auf diesem wenig bergauf.

r. unten liegt die Stadt, darüber die hohe Warzel, das Rheingaugebirge, der Rhein und anderseits Feldberg, Altkönig, Hoaserl, Kellerskopf u. a. f.

Nach 5 Min., auf der Höhe, Angesichts des Thurmes, l. Feldweg. — Rechts wird Mainz sichtbar. Nach abermals

4 Minuten, die **Bierstatter Warte** (603' üb. M.). Zur Aussicht treten nun noch, ausser den genannten Punkten: Hergstrasse und Melibocus, Odenwald und der Rhein oberhalb Mainz.

Der Thurm selbst diente muthmasslich als Wachtthurm für die Burgen der nassauischen Grafen in Wiesbaden und Sonnenberg, und vornehmlich zum Schutze gegen die Einfälle der kriegerischen Eppsteiner (s. S. 19).

Durch die Seele zieh'n mir Träume,
Lüftchen gleich nach wildem Sturm,
Hier, wo Blumen Jetzt und Bäume
Blühen um den grauen Thurm. — —
Blumen Müh'n, von Schmetterlingen
Leis geküsset und belauscht,
Wo einst härt'ge Wächter gingen,
Von der Waffen Schall umrauscht. — —
Denn es hielt auf diesem Thurme
Adolphs Garde treue Wacht,
Wenn ihm Ruhe nach dem Sturme
Auf dem Sonnenberg gelacht,
Dass sie ihren Kaiser schütze
Vor der Ueberfalls Gefahr,
Wachte sorgsam diese Stütze
Seines Thrones immerdar. — —
Doch denn! Lasst die Trümmer dauern
Und den Zeiten ihren Lauf! —
Um und an den öden Mauern
Rankt das Grün der Hoffnung auf.
(s. Henninger, nass. Sagen.)

Vom Wartthurm nach Bierstatt.

Auf dem Feldweg zurück, ⅓ Min., und auf demselben r., in der Richtung nach Bierstatt; auf der Höhe bleibend, schöne Aussicht. Der Fusspfad senkt sich durch einen kleinen Hohlweg, dann durch Felder, bis zum (13 Min.) Dorfe Bierstatt; nicht zu fehlen. Entfern. auf diesem Umwege, von der Stadt, aus. 53 Min.

Im Dorfe: Wirthschaften im Jungen Löwen und im Bären.

Das Dorf (361' ü. M.) selbst, wird schon 927 genannt (die Bierstatter Mark 831) und hiess ehedem Brigidental, Birgstal, Beristat. Die Ortskirche zeigt Reste eines schon im 12. Jahrh. erbauten Gotteshauses (Chor und Thurm) und im Innern einige bemerkenswerthe holzgeschnitzte Figuren, aus dem Anf. des 16. Jahrhunderts.

Von Bierstatt führen gute Fahrstrassen (in 37 Min.) nach Kloppenheim und (42 Min.) nach Igstadt.

Von Bierstatt nach Rambach und auf den Bingert.

Der gute *Chausseeweg* von Bierstatt nach Rambach, zweigt in der Mitte des Dorfes l. ab (s. Umgebungskarte).

Die Fahrwege r. (nach Kloppenheim etc.) beachte man nicht, sondern folge der Chaussee in grader Richtung.

Nach 0 Min, erscheint l. die Platte und nach weiteren 0 Minuten l., Strassenabzweigung und Wegweiser:

l. nach Sonnenberg ½ St. — Nach Rambach ½ St. — Nach Naaroth 1 St.

Nach weiteren 0 Minuten öffnet sich schöne Aussicht nach dem Rhein, l. nach der Platte, r. nach der Bergstrasse zu. — Nach weiteren 7 Min. führt ein Weg l. zu Thal nach Sonnenberg und r. nach Kloppenheim. — Feldberg und Altkönig werden r. sichtbar.

3 Min., Höhe der Strasse, unter Obstbäumen, Vollständiges, prachtvollstes *Panorama*, Taunus und Rhein umfassend (s. Bingert S. 154). r., unten der Lindenthaler Hof. Der Berg im Vorblick, in grader Linie, ist der Kellerskopf (1462).

Straßenabzweigung l. nach der alten Kirche (S. 158).

Die Chaussee durch den Hohlweg führt in 21 Min. (in 50 Min. von Bierstatt ab) nach Rambach.

Seitwärts und am Ende des Hohlwegs l., beginnt der S. 158 angegebene Fussweg über den Bingert nach Sonnenberg (S. 152).

Fussgänger die Rambach nicht zu besuchen gedenken, wenden sich hier bei den Obstbäumen, durch Felder r. zurück zur Stadt. Der Weg von der Chaussee r., dann gradaus abbiegend, führt hinunter nach Sonnenberg; der in der Richtung nach der Stadt zu bergab führende, breite Fusspfad, führt in 0 Min. über eine Wegkreuzung (r. nach Sonnenberg, l. nach Kloppenheim), dann in 4 Min. zur alten Kirche (S. 160), und in weiteren 7 Min., abermals über eine Wegkreuzung (r. Sonnenberg, l. Bierstatter Strasse), dann hinter den Landhäusern an der Dietenmühle hin, über die Wiese l. und durch die Curhauspromenaden zur Stadt.

20) Zum Sonnenberger Friedhof und der alten Kirche.
(s. Umgebungskarte).

Weg. Durch die Curhaus-Anlagen, Promenadenweg, wie der Weg zur Dietenmühle (S. 138), Fusspfad und schattig. Vor der Dietenmühle an dem Wegweiser: Zur Restauration Dietenmühle — r. ab, über die Wiese: 3 Min. — Nun hinter den Gärten der beiden Landhäuser l. hin, steigend. Man bleibe immer auf dem betretenen Fusspfad, weder r. noch l. abzweigend. Der Pfad ist zudem durch einen Hohlweg, den Folgen eines Wolkenbruches, genau bezeichnet. Nicht zu fehlen. Von Wiesbaden, zus. 40 Min.

Um den Friedhof und das Kirchenmauerwerk zu besichtigen, durchschreite man den Graben und gehe vor oder hinter der Kirche an der Hecke hin. Das Friedhofsthor ist an der entgegengesetzten Seite. Die Mauerreste rühren von einer 1429 hier erbauten Kreuzkirche her, an welche sich 1553 der Friedhof des Dorfes Sonnenberg ansiedelte. Die Kirche selbst litt in den verschiedenen Kriegsjahren und ist seit 1790 ganz abgelegt.

Von hier führt ein Weg hinab nach Sonnenberg (s. oben), ein anderer auf den Bingert (s. oben), dem Fusspfad folgend, bergauf, in 14 Min. und ein solcher, ebenfalls bergauf, nach Rambach, in 30 Min. (S. 155).

21) Nach Erbenheim.

Nicht zu fehlende *Landstrasse*, guter Weg, bei dem Museum (s. Stadtplan) beginnend; dann in grader Richtung, südöstlich, fort (die Bierstatter Strasse bleibt l.), in zus.

1 St. 8 Min. bis Erbenheim (443 F. ü. M.). Unterwegs schöne Aussicht auf den Rhein.

Wirthschaft in Erbenheim: im Nassauer Hof.

22) Nach Biebrich (s. Umgebungskarte).

1) Grosse vierreihige schöne Chaussee, am Louisenplatz beginnend (s. Rundgang 8. 32). Die Strasse führt über den sog. Mosbacher Berg (452 Fuss üb. M.) und zum Restaurant Adolphshöhe (S. 135) vorüber. Unterwegs, auf der Höhe, schöne Aussicht auf den Rhein. Der Weg ist nicht zu fehlen und mündet, von Wiesbaden ab, in 54 Min., bei dem Dorfe Mosbach. Dieses durchschreitend gelangt man, r. der herzogl. Park und die Gewächshäuser, in 15 Minuten zum Rhein.

NB. Der Weg durch's sog. Mühlthal nach Biebrich, ist vor der Hand nicht rathsam. Seine Herstellung steht in Aussicht.

Biebrich und das angrenzende *Mosbach* (307' üb. M.) bildeten vor Alters eine Heimgereide.

Kaiser Otto III. schenkte 992 das grosse kaiserliche Landgut oder die Villa Biberc und Moskebach nebst allem sällischen freien Lande dem Kloster Seltz im Elsass. Die Herren von Boland, später Vögte daselbst, verkauften 1279 den Hof an das Kloster Eberbach. 1295 kamen diese Besitzungen durch Kauf an König Adolph.

Die *Kirche* in Mosbach (Muschebach) wird schon um's Jahr 1050 genannt. Sie ist 1664 renovirt worden. Am Pfarrhaus das Wappen des Abtes Alberich (Erbauer desselben) von 1696, mit einer Inschrift. Biebrich und Mosbach haben jetzt zus. ca 5650 Einwohner.

Sehenswerth: Das **Schloss** mit Park und Gewächshäusern, Sommerresidenz Sr. Hoheit des regierenden Herzogs. Es ist im Renaissancestyl, vom Fürsten Johann im Bau begonnen und um's Jahr 1706 von Fürst Georg August (darin gest. 1721 am 26. October) vollendet. Fürst Carl machte es 1744 zur Residenz. Rundbau mit Seitenflügeln, geräumig und weitumfassend. Am Rundbau in der Mitte eine doppelte Freitreppe; den ersteren krönen allegorische Figuren, zum Theil zerstört, eine Er-

innerung an die Beschiessung der Franzosen bei Gelegenheit der Belagerung von Mainz 1793, durch die Geschosse einer auf der Peteriau im Rhein errichteten französischen Batterie.

Der Rundbau enthält den **Marmorsaal**, durch Oberlicht erhellt, mit 8 jonischen Säulen aus verschiedenfarbigem nassauischem Marmor. Vom Söller prächtige ***Aussicht.** Unter diesem Saal die Schlosscapelle. Die reichen Säle, sowie die ganze innere Einrichtung sind im Jahr 1829 unter Herzog Wilhelm renovirt worden und selten in ihrer Art.

In Abwesenheit des Hofes ist der Besuch zu ermöglichen. (Meldung bei'm Portier, an der Hauptwache, im Schlosse selbst, östlich.) Eine nassauische Flagge auf dem Rondell, verkündet die Anwesenheit des herzoglichen Hofes.

Hinter dem Schloss, der 200 Morgen umfassende **Park**, mit stattlichen Alleen, Weihern und Wasserkünsten. Der Park, vom Gartendirector Sckell in München angelegt und vom Gartendirector Theilemann zu seiner jetzigen Berühmtheit erhoben, enthält die, man darf wohl sagen, weltberühmten:

*Gewächshäuser (erbaut 1850). Im Frühjahr das Wanderziel unzähliger Touristen und Blumenfreunde.

In den Monaten März und April stehen diese feenhaften Räume mit ihrem vielleicht einzigen Camelienflor, täglich von 2 Uhr Nachmittags bis Abends 5 Uhr, mit Ausnahme des Samstags und des Montags, dem Publikum unentgeldlich zur Besichtigung offen.

In der Richtung nach Mosbach zu, im Hintergrunde des Parkes, stand die alte Kaiserburg Biburg (**Moosburg**), bis in's 10. Jahrhundert.

874 war Ludwig der Deutsche hier und stieg hier zu Schiffe. 922 bestand sie noch als Castell." Vogel.

Simrock vermuthet, dass die jetzige Moosburg, zwar nicht wie Einige

6

wollen, nur eine künstliche Ruine, sondern auf den Trümmern der früheren Burg Penzenau (Pentzenaw) errichtet worden sei (1806).

Am Eingang der Moosburg: Steinbildwerke, katzenellenbogische Grabdenkmäler aus der Abtei Eberbach. Auf dem Söller schöne Aussicht; ein grosser Weiher vor der Burg. Die Moosburg war seiner Zeit Atelier des Bildhauers Professor Hopfgarten († 1856), der hier, unterstützt durch die Munificenz des regierenden Herzogs Adolph, den Sarcophag der griechischen Capelle (S. 64) und andere Bildwerke (S. 60 u. 57) schuf. Noch jetzt sind einige seiner Werke und Entwürfe hier aufgestellt. So ein Entwurf zur Lorelei und andere. Besichtigung im Sommer erlaubt.

Kleine Burg, auf deinen Zinnen,
Ephengrün und moosumsäumt,
Spielt ein Lied vor meinen Sinnen,
Wie es meine Seele träumt. —
Ruhig liegt zu deinen Füssen,
Wie ein Spiegel, da der Teich
Und die Fluren die wir grüssen,
Sind an Schweigen rings ihm gleich. — —
Darum wiege süsser Friede
Diesen Sitz in seinem Arm!
Bleibe ferne hier dem Liede,
Deutsches Herz mit deinem Harm;
Aber du, o Feiersang
Töne hier mit trautem Klang.
(Henninger.)

Dicht bei'm Ausgang des Parks:

das Stationsgebäude der nassauischen Staatsbahn.

Gasth.: Rheinischer Hof, am Rhein, Garten. — Europäischer Hof, nahe am Rhein, Garten. — Krone, Garten und Terrasse, am Rhein.

Restauration: Ring, Casernenstrasse.

Bier: Wath, Casernenstrasse. — Im Kaiser Adolph (Satilor), Wiesbadener Strasse.

Conditoreien: Ott Wwe., Armenruhstrasse; Machenheimer, gegenüber den Gewächshäusern.

Omnibus nach Wiesbaden und Localdampfschifffahrt nach Mainz, von hier ab (e. S. 90 u. 91).

Wege von hier, nicht zu fehlen, am Rhein hin nach Schierstein, in 30 Min. — Nach Castel, (55 Min.) und Mainz (1 St. 5 Min.).

Der Weg über Schierstein und von da nach Wiesbaden, auf der sogen. Schiersteiner Strasse (S. 163), als Rückweg von Biebrich, ist zus. 1 St. 30 Min. weit.

2) Auf der sogen. Mainzer Strasse (s. Stadtplan) auch ein Weg an den Mühlen vorbei, und bei der Station Curve das Eisenbahngleis kreuzend, gleichfalls von Wiesbaden nach Biebrich; er führt indess um.

Bei der Station Curve l. ab, führt die Chaussee weiter nach Castel-Mainz, zus. ca. 2 St. von Wiesbaden.

23) Nach Schierstein und Walluf (s. Umgebungskarte)

a) *Fuss- und Fahrweg.* Derselbe beginnt am Ende der Schwalbacher-Strasse bei der Artillerie-Caserne und geht von da in der Richtung l. (der Fahrweg r. führt nach Dotzheim), an der (35 Min.) Kahlen-Mühle vorbei, in zus. 1 Stunde von Wiesbaden ab, nach Schierstein.

b) *per Nass. Staatsbahn* nach Schierstein, in 17 Min., für 24, 15 und 9 kr. (s. S. 187).

Von Schierstein nach Walluf, am Rheinufer hin, nicht zu fehlen, gute Fahrstrasse, 35 Min.

Von Schierstein nach Frauenstein und Nürnbergerhof. Vom Bahngebäude ab: über das Bahngleis, dann Richtung l., Feldweg. Diesem folgend, die Groroder Mühle bleibt l.; bei der Mühle und später bei'm Groroder Hof, steigen r. Wege durch Weinberge zum Nürnberger Hof (S. 179); von Schierstein zus. 37 Min.

Nach Frauenstein führt der Weg unten weiter, in der Richtung l., dann am Hof Grorod, der l. bleibt, vorüber, in zus. 32 Minuten nach Frauenstein. (Weiteres S. 180).

24) Nach der Schützenhalle und Walkmühle.
(s. Umgebungskarte).

a) *Fussweg* durch's Nerothal, Ende der Taunusstrasse; hier durch

die Elisabethenstrasse, am Ende derselben, Wegweiser;

Nach der Capelle, über den Neroberg, nach
Speyerskopf, über die Felsengruppe, nach der
Trauerbuche und der Platte. — Nach dem
Neroberg, Speyerskopf und der Leichtweisshöhle. — Links nach der Schützenhalle, Walkmühle, Holzhackerhäuschen, Fasanerie, Schläferskopf, Chausseehaus und rothen Kreuz.

Nun I. hinunter, am Bachufer
bin, an der (r.) Kaltwasserheilanstalt
Nerothal vorbei, bis zum Hause
Beausite. Hier Wegweiser:

Nach dem Neroberg 15 Min.; Nach der
Trauerbuche 50 Min.; Nach der Platte 1 St.
40 Min. (r.) — Nach der Leichtweisshöhle
85 Min.; Nach der Schützenhalle 20 Min.;
Nach der Walkmühle 25 Min.; Nach dem Kloster Clarenthal und der Fasanerie 1 St.; Nach
dem Holzhackerhäuschen 1 St.; Chausseehaus
und dem Schläferskopf 1 St. 40 Min. (l.)

Hier l. durch den sog. **Wolken-
bruch** (5 Min.), unten Fahrweg, oben
Fusssteig. (Anlagen des Verschöne-
rungs-Vereins). Nach 5 Minuten, zur
Platter Chaussee. Hier, Ausgangs des
Wolkenbruchs, Wegweiser:

Nach dem Nerothal. — Nach der Schioss-
halle, Walkmühle und Fasanerie.

Nun auf der Chaussee r. weiter.
Nach 2 Min. Abzweigung: r.
(Fahrweg zur Leichtweisshöhle). Dann
1 Min. weiter, Wegweiser:

Zur Schützenhalle. Nach der Leichtweisshöhle und dem Nerothal. Nach der Walkmühle, Adamsthal, Fasanerie.

2 Minuten, r. die **Schützenhalle**
(Wirthschaft von Mahr und Weiteres
s. S. 82 und S. 100), zus. 35 Min.

An der Abdachung des Berges
liegt ganz in der Nähe, 4 Min., die
Walkmühle, jetzt Bierbrauerei.

b) *Fahrweg*. Von der Stadt (s.
Rundgang S. 80) durch die Emser-
strasse. Ausgangs derselben, auf dem
Fahrwege r., bis zur Walkmühle, 30
Minuten.

c) *Fahrweg*. Ueber die Platter
Chaussee, am (l.) Friedhof vorüber,
nicht zu fehlen, in 35 Min. Bei dem
unter a) angegebenen Wegweiser
(s. o.) l. ab.

25) Zum Holzhackerhäuschen und der Fasanerie, über die Walkmühle (s. Umgebungskarte).

Bis zur Walkmühle siehe die Wege
unter Ausflug 24) a, b und c. —
Vor der Walkmühle, seitwärts der
Schützenhalle, r. und l. Wegweiser:

l. nach der Fasanerie. — r. nach dem
Holzhackerhäuschen und dem Adamsthal).

Bei diesem Wegweiser r., dem
Fusspfad nach, in der Richtung nach
Adamsthal. Nach 6 Min. beginnt ein
Wiesenthal (Adamsthal). Hier über
einen Steg und Bach, dann Fusspfad
über eine Wiese, darauf durch Buschwaldung (Anl. des Versch.-Vereins)
und in weiteren 15 Minuten auf die
Chaussee. Hier r. weiter. Nach 3
Min., r., ein Fahrweg ab, zum Adams-
thaler Hof und nach weiteren 6
Min., l. der Strasse, das **Holzhackerhäuschen** (S. 167).

Die Chaussee gradaus (Amtstrasse)
führt über die sog. eiserne Hand
nach Schwalbach. — l. derselben ein
Fahr- und Fussweg in ca. 7 Min., zu

den sehenswerthen und interessanten
Fischweihern der nass. Fischerei-
Actiengesellschaft, gleichzeitig künst-
liche Fischzucht-Anstalt.

Die Anlage ist noch neu und von
besonderem Interesse, da zur Ausbrü-
tung der Forellen-Eier 4 verschiedene
Systeme, die sich bei anderen Zucht-
anstalten am besten bewährt haben,
hier zur Anwendung gebracht werden und überhaupt allen Erfahrungen
der Neuzeit Rechnung getragen ist.

Von dem Balkon der Aufseher-Wohnung
schöne Aussicht nach der Bergstrasse, bis
oberhalb Heidelberg.

Der Zutritt ist nach eingeholter Er-
laubniss des Aufsehers, fast in jeder Tages-
zeit gestattet.

Von hier zurück kann man einen anderen
hübschen Fusspfad, r. der Anstalt, anfänglich
über Wiesen, dann durch Wald und nach 10
Min. auf die Platter Chaussee mündend, einschlagen, der auf die Platter Chaussee bergab, in zus. (von den Weihern ab) 1 St. nach
Wiesbaden zurück führt.

6*

**Das Holzhackerhäus-
chen** (782' ü. M.), ein seiner Bezeichnung entsprechendes, bescheide-
nes, einfaches Häuschen, hübsch gelegen, ist häufig von Wiesbaden aus
besucht. Ländliche Erfrischungen, be-

scheiden.

Vom Holzhackerhäuschen zur
Fasanerie: r. desselben, ein Weg
durch eine Waldschneuse, in 12
Min., nicht zu fehlen.

25) Zum Holzhackerhäuschen (s. Umgebungskarte).

Fahrweg. Am Michelsberg, Aus-
gange der Emser Strasse, 12 Min.
von der Mitte der Stadt (s. Rundgang
S. 30). l. der Schwalbacher Hof,
Wirthschaft. — 2 Min. weiter, zweigt
r. der sog. Walkmühlweg ab (s. S.
166). Man folge der Chaussee l. bei'm
Wegweiser: Emser Strasse. — Bei
der Gabelung der Chaussee, 1 Min.
weiter, r. im Thal fort (sog. Aarstrasse). Dieser Fahrweg führt (r.
der Hof Adamsthal) geraden Weges
in, von der Stadt zus. 1 St., zum L
Holzhackerhäuschen (782' üb. M.,
S. 167). —

26) Zum Kloster Clarenthal (s. Umgebungskarte).

Fahrweg. Beginn des Wegs wie
der unter Ausflug 25, zum Holzhackerhäuschen, angegebene. — Ende
der Stadt (Emserstrasse) bei der Gabelung der Chaussee (r. zum Holzhackerhäuschen und über die eiserne
Hand nach Bleidenstadt, Schwalbach
und durch's Aarthal nach Dietz) bleibe
man l. — Die Chaussee steigt, an der
Backsteinbrennerei l. vorbei, mässig
an. Von der Mitte der Stadt bis zur
Backsteinbrennerei, zus. 10 Min. —
Von der Backsteinbrennerei weiter
(10 Min.), l. ein Feldweg ab, ins
Wellritzthal und nach Dotzheim (S.
179). — r. im Thal ist die Walkmühle sichtbar.

Nach 2 Min., r. der Strasse, Beginn des Exercierplatzes. 5 Minuten
weiter, zweigt ein Waldweg ab zum
Adamsthal. Am Ende des Exercierplatzes bleibe man auf der Chaussee,
bergab; in 5 Min. r. die Kloster-
mühle und 7 Min. weiter: Kloster
Clarenthal, r. der Strasse; zus.
von der Stadt: 45 Min.

Im Pachthof bei dem Domanialpächter
Theu, sehr gute ländliche Restauration. Billig
und empfehlenswerth. - Vorzügliche Eier-
speisen. — Brancol.

Das Kloster Clarenthal,
zur Stadtgemeinde Wiesbaden gehö-
rend, wurde nach G. A. Schenck
1296 von Kaiser Adolph und seiner
Gemahlin Imagina errichtet. Die Stif-
tungsbriefe sind in dem Jahre 1298
(6. Jan. zu Speyer und 26. Febr. zu
Wimpfen) ausgestellt. Das Kloster
war der heil. Clara geweiht und blieb
im Besitze des Claren-Ordens, den
Papst Innocenz III., „weil er allzu
streng vor das weibliche Geschlecht
war, nicht bestätigen wollte". Kaiser
Adolph belehnte das Kloster mit ver
schiedenen Gütern, welche Schenkungen Imagina (1304) bestätigte.

Die ersten Nonnen des Klosters waren
Adelhaid, des Kaisers Tochter, Richard, des
Kaisers Schwester und Agnes von Siegersberg."
Die Klosterkirche diente vielen Gliedern (vor-
nehmlich den weiblichen) des nassauischen
Hauses als Gruftkirche.

Durchaus adeliges Stift war es
hauptsächlich Convent für die Töch-
ter des angeseheneren Adels; bis im
Jahre 1553, ganz verwaist und aus-
gestorben, nur noch eine Nonne darin verblieb. 1560 übernahm es Graf
Philipp und 1610 wurde es, unter
Graf Ludwig von Nassau-Saarbrücken,
Lindes-Hospital:

"in welchem täglich über 200 arme Menschen beiderlei Geschlechts mit Speise und Trank und anderen Nothwendigkeiten hinlänglich sind versorget worden." (Schenck)

1635 kam er an den Jesuiten-Orden, der es indess 1650 zurückgeben musste.

Die Klostergebäude selbst, sind grösstentheils verfallen. Die ehemalige schöne Kirche ward schon im 18. Jahrh. durch eine andere ersetzt, die in dem vormaligen Kreuzgange hergerichtet wurde. Jetzt dient den Bewohnern ein kleiner Saal, an den Kreuzgang stossend, zum Gottesdienst. In dem Betsaal ein zierlich erhaltener Grabstein; die anderen Monumente sind verkommen und zum Theil weggebracht worden.

Ueber dem Eingang des Hofgebäudes (Domanial-Pachthof), ein Wappen der Grafen von Nassau-Saarbrücken.

Vom Kloster Clarenthal nach Dotzheim. Vom Pachthof zur Chaussee (1 Min.), hier r. auf der Chaussee fort, dann nach 2 Min., l. den ersten Fusssteig, wenig steigend, dann am Rande des Waldes hin, in der Richtung l., mit schöner Aussicht. — Wildgatter; diesem folgend. Der Weg gabelt kurz vor dem Orte und führt l. zum Beginn des Dorfes, r. an Steinbrüchen vorüber, bergab und bei'm Ende des Dorfes zur Fahrstrasse nach Frauenstein; von Clarenthal zus. 40 Min.

Vom Kloster Clarenthal zur Fasanerie. Am Pachthof vorbei, durch die Häuser von Clarenthal. An deren Ende am Bachufer hin, nicht zu fehlender Feldweg. Von diesem führt r. ein Fussweg über die Wiese, etwas näher zur Fasanerie; zus. von Clarenthal 13 Min.

Vom Kloster Clarenthal zum Schläferskopf. Feldweg zur Fasanerie (s. o.). Am Beginn des Wildgatters l., Wegweiser (s. Ausflug 29. b). Vereinigung des Wegs mit dem von der Fasanerie kommenden. (S. 173). (Entfern. 10 Min. bis zum Wildgatter).

27) Zur Fasanerie und Holzhackerhäuschen. (s. Umgebungskarte).

a) *Fussweg* bis zur Schützenhalle und Walkmühle (s. Ausflug 24. a). Seitwärts der Schützenhalle führt l. ein Weg, etwas zu Thal, zu einem Wegweiser:

Nach dem Holzhackerhäuschen und dem Adamsthal. — Nach der Fasanerie. — Der äusserste Weg l. führt zur Stadt.

Nach 2 Min. abermals Wegweiser, unten am Wege r.:

Nach der Schützenhalle. — Ueber die Platter Chaussee nach dem Nerothal. — Nach dem Holzhackerhäuschen und dem Adamsthal. — Nach der Fasanerie. —

Hier dem letzteren Wegweiser nach, bis zur Chaussee nach Schwalbach und dem Exercierplatz, l. derselben. — Dieser Weg trifft mit dem folgenden am Exercierplatz zusammen.

b) Von der Stadt, *Chaussee* (wie der Fahrweg Ausflug 26, nach Kloster Clarenthal), bei der Gabelung des dort angegebenen Weges, vor der Backsteinbrennerei, statt l. nach Clarenthal, r. auf der Chaussee weiter. Nach 5 Min., r. der Strasse: Wirthschaft von Urban. — 7 Min. weiter, der Exercierplatz. Hier vereinigt sich der unter a) angegebene Weg zur Fasanerie, mit dem letztgenannten.

Bei dem Exercierplatz nicht l. ab, sondern erst nach 6 Min., den zweiten Weg l. — Dann durch den Wald l.; hier Wegweiser:

Nach der Fasanerie: 30 Min. Nach Schläferskopf 45 Min. und von da nach dem Chausseehaus: 25 Min. — Nach der Walkmühle, der Schützenhalle und dem Nerothal.

Durch die Waldung. In 2 Min. kreuzt der Pfad den Exercierplatz. Abermals Wegweiser:

Nach der Fasanerie: 30 Min. Nach Kloster Clarenthal: 30 Min. Nach Schläferskopf 1 St. 15 Min. Nach dem Chausseehaus: 1 St. 15 Min. und dem rothen Kreuz: 2 St. 5 Min. — Nach der Walkmühle: 15 Min., Schützenhalle 25 Min. In das Nerothal 40 Min. Auf den Neroberg 1 St. 5 Min.

l. auf dem Fusspfad fort, 100

Schritte, dann r. — Nach 10 Min. erscheint l., unten im Thal: Kloster Clarenthal (S. 168).

Nach 3 Min., Fahrweg und Wegweiser:

r. nach dem Holzhackerhäuschen und dem Adamsthal. — l. nach Kloster Clarenthal. — r. nach der Platte.

Nun auf dem Fahrweg fort. 50 Schritte weiter, r. Wegweiser:

Nach dem Holzhackerhäuschen und dem Adamsthal.

Die nun sichtbare Fasanerie ist in 8 Min. erreicht; von der Stadt aus, ca. 1 St. —

Auf der Fasanerie gute ländliche Wirthschaft. Empfehlenswerther Café. — Schöner Garten hinter dem Hause.

Die Fasanerie (640' ü. M.) ist z. Z. Sommerwohnung des Staatsministers, Sr. Durchlaucht des Prinzen Wittgenstein. Im Garten ein interessanter Baum, der an seinen verschiedenen Aesten, Eichen- und Buchenblattlaub zu gleicher Zeit zeigt.

Fasanen sind, wie der Name anzudeuten scheint, heute nicht mehr dort zu finden. Die herzogl. Fasanerie befindet sich jetzt auf einer Au bei Biebrich im Rhein.

Wegweiser bei der Fasanerie:

Nach dem Holzhackerhäuschen und dem Adamsthal 15 Min. — Nach der Platter Chaussee. — Nach der Walkmühle und der Stadt. — Nach dem Kloster Clarenthal. — Nach dem Schläferskopf 40 Min. — Nach dem Chausseehaus.

Von der Fasanerie nach Clarenthal. Nicht zu fehlen. (Wegweiser). r. vom Hause, nach 2 Min. l., auf dem Feld- und Fahrweg, in zus. 12 Min.; oder direct über die Wiese, kleiner Fusspfad, in 10 Min.

Zum Holzhackerhäuschen. l. von der Fasanerie (Wegweiser), durch Waldschneuse, nicht zu fehlen, in 12 Min.

NB. Auch über Kloster Clarenthal (s. Ausflug 26) kann man von der Stadt aus die Fasanerie erreichen, zus. 57 Min.

28) Zum Chausseehaus (s. Umgebungskarte).

a) *Fahrweg.* Gute Chaussee (wie bei Ausflug 26 angegeben) bis zum Kloster Clarenthal. Von hier steigt die Chaussee mässig an, bis zum Chausseehaus, nicht zu fehlen; von der Stadt zus. ca. 1½ St.

b) *Ein zweiter Weg* führt (wie Ausflug 27) bis zur Fasanerie, und von hier, dem Wegweiser nach l., bis zum Waldrande (2 Min.). — Hier durch's Wildgatter und auf dem Fahrweg fort (10 Min.), bis zur Chaussee, von da r. noch 25 Min. bis zur Höhe; zus. ca. 1½ St.

Das Chausseehaus (1150' üb. M.), eine hübsch gelegene Försterwohnung, bietet prächtige *Aussicht auf das Rheinthal.

Gute Wirthschaft, kiesig Wildpret.

Sowohl im Garten, als auch auf einer zum Ruhesitz umgewandelten alten Eiche, bietet sich die Aussicht über das Rheinthal am umfassendsten; l. bis zur Bergstrasse, r. auf die Berge d. Haardt und den Donnersberg.

29) Zum Schläferskopf (s. Umgebungskarte).

a) *Fahrweg.* Durchaus derselbe Weg wie jener zum Kloster Clarenthal (Ausflug 26) und von da weiter zum Chausseehaus (Ausflug 28 a). Vom Chausseehaus führt in 17 Min., Richtung r., durch Wegweiser bezeichnet, ein Weg durch Wald (r. Fahrweg, dann r, bergab und wieder bergan†) zur Höhe des Schläferskopfes. Nicht zu fehlen (S. 174).

b) *Fusspfad.* Ueber die Fasanerie (s. Ausflug 27). — Von der Fasanerie wende man sich dem Wegweiser nach, in 2 Min. bis zum Waldrande l. —

Hier durch's Wildgatter. Wenige Schritte innerhalb desselben, Wegweiser: zum Schläferskopf. Nun dem Fahrweg nach, gradaus.

r. zweigt ein Fahrweg (nach 1 Min.) ab, zu den Schurfarbeiten für die neue Wasserleitung der Stadt Wiesbaden.

Nach 2 Min. vom Wildgatter, r. ein Fusspfad durch den Wald. Dem Fusspfad folgend, Richtung l. — Nach abermals 2 Min., Kreuzung eines Fahrwegs.

Wegweiser: Nach Schläferskopf und nach der Fasanerie.

Richtung l., Fusspfad. — Nach 120 Schritten, Kreuzung eines Fusspfades, l. weiter. — 5 Min. Ruhebank. — 4 Min, Kreuzung einer Schneuse. Richtung l. 2 Min. Schneuse. — Ruhebank. Hübsches Bild auf die Stadt.

Wegweiser: Nach Schläferskopf. — Nach der Fasanerie und der Stadt.

Nun mässig steigend, in grader Richtung bergan. Nach 10 Minuten endet die Schneuse, in einer zweiten, querüberlaufenden.

Wegweiser: Nach dem Schläferskopf und dem Chausseehaus. — Nach der Fasanerie und dem Kloster Clarenthal.

An einem Baume weiterhin, abermals Wegweiser:

Nach dem Chausseehaus 15 Min. — Nach dem rothen Kreuz 55 Min. — Nach dem Rumpelskeller 1 St. (L nb.) — Nach der Fasanerie und dem Kloster Clarenthal.

Hier r. auf gutem Fusspfad weiter. — 1 Min., r. Wegweiser:

Nach Schläferskopf. — Nach der Fasanerie und der Stadt.

Nun Richtung r. — Serpentinen führen zur Höhe. Anfänglich rechts, dann l., dann r. eine Ruhebank. — Hierauf l., dann abermals r. und wieder l. — Der Fussweg mündet auf den, vom Chausseehaus (S. 174) kommenden, Fahrweg. Wegweiser:

Nach Schläferskopf. — Nach der Fasanerie und der Stadt.

Nun auf dem oberen Fahrweg l., noch 2 Min. bis zur Höhe; zus. von der Stadt ca. 1½ St.

Der *Schläferskopf (1399' ü. M.) ist unstreitig einer der schönsten, wenn nicht der schönste Aussichtspunkt der ganzen Umgebung Wiesbadens. Neben demselben, treffliche Steinbrüche. Oben Schutz-Pavillon des Verschönerungs-Vereins und Ruhebänke.

*Prachtvolles Panorama. (Im Pavillon l. ein orientirendes Situationsplänchen der Taunuskette, von Maler Mich. Sachs.) Sichtbar sind: l. grosse Feldberg, Altkönig, Kellerskopf, Rossert und Staufen, Speyerskopf, Neroberg etc. Besonders schön ist die Thallandschaft und der Rheinstrom. — Grade im Vorblick: Melibocus und Bergstrasse, Odenwald; mehr r. die Berge der hess. Pfalz. Ganz r.: Donnersberg und Umgebung, die Haardt, Gegend des Nahethals bei Creuznach und drüber hinaus; ganz nach r.: Hunsrück und Höhen der Eifel. Zu Füssen die malerisch ausgebreitete Stadt.

Und vor uns liegt so reich der rheinische Gau,
Dass selbst ein Engel seinen Segen preise.
Ihr glaubt nicht mehr nach dieser mächt'gen Schau
Das Märchen vom verlornen Paradiese;
Und strahlt Euch auch der Erde höchster Glanz,
Nie saht Ihr Lande heller noch als diese.
(Wolfgang Müller's: Rheinfahrt V.)

Vom Schläferskopf zum Chausseehaus. Auf dem bereits angedeuteten Fahrweg r. wieder hinunter. Man bleibe r. oben; an dem vorher bezeichneten Wegweiser vorbei. Nach 3 Min., vom Fahrweg links ab zu Thal.

Wegweiser: Nach dem Schläferskopf und dem Chausseehaus.

l. an einem Steinbruch vorüber, ziemlich fallend. Nach 4 Min. Kreuzung eines Fahrwegs: Wegweiser nach dem Schläferskopf. — Nun über den Fahrweg, auf dem Fusspfad r., der nach 1 Min. (Wegweiser nach Schläferskopf) auf den Fahrweg mündet. Hier l., nach 2 Min. r.

Strassenabzweigung. l. Wegweiser: nach Schläferskopf.

Auf dem Fahrweg l. bleiben, nach 4 Min. weiter, ist das Chausseehaus erreicht (S. 172); zus. ca. 15 Min. (bergab).

Notiz. Ein fernerer Weg zum Schläferskopf (oben zum Kloster Clarenthal und der Fasanerie) führt durch die Wellritzstrasse, durch das Wellrithal und Wellritzmühle, da.. 30 Min. — Hier am Bache hin bis zur Kloster-

mähle und auf die Landstrasse nach Schwalbach (10 Min.). Von hier weiter zum Kloster
Clarenthal, Fasanerie, Chausseehaus und Schlä-
ferskopf (s. die bereits angegebenen Wege, bei den verschiedenen Ausflügen 26, 27 und 28). —
Dieser Weg ist indessen nach Regen und im
Frühjahr häufig feucht; bei Sonnenhitze er-
mangelt er des Schattens.

29) Auf die hohe Wurzel (rothe Kreuz und Rumpelskeller).

Sämmtliche Wege über Kloster
Clarenthal oder über die Fasanerie
zum Chausseehaus, sind für diese
Parthie anfänglich zu benutzen (Ausflug 26, 27, 28).

**Vom Chausseehaus zur hohen
Wurzel** führen 2 Wege:

a) *Der Fahrweg* (Wegweiser bei'm
Chausseehaus: nach Schwalbach 2
St.) führt auf der Schwalbacher
Strasse, mässig steigend bergauf. —
Nach 40 Min., r. der Strasse, Weg-
weiser:

Nach dem rothen Kreuz. — l. nach dem
Rumpelskeller.

Zum rothen Kreuz führt ein
Fahrweg in 8 Min. mässig steigend,
bergan, dann l. bis dicht unter den
Aussichtspunkt. Hier noch wenige
Schritte: Fusspfad.

*Das rothe Kreuz (circa
1870 F. ü. M.), wenige Fuss tiefer
liegend als die hohe Wurzel (dicht
unter dieser), ist als neuester Punkt
von den Verschönerungsvereinen zu
Wiesbaden, Schlangenbad u. Schwalbach in Angriff genommen und mit
gut gebahnten Wegen umgeben. —
Schutzhütte.

Zur Aussicht des Schläferskopfes (S. 174)
treten hauptsächlich noch die Ebbegangsgebirge
(r.); so die Kalte Herberge (1908'), die Hallgarter Zange (1787'), die Berge des Hunns-
rücks, des Soon- und Idarwaldes und mehr
nach r., die Eifelhöhen, worunter bei ganz
klarem Wetter die Nürburg (3000') und die
hohe Acht (2422') in der Ferne besonders hervortreten.

Wie des Rheines Fluth im Thale
Unversiegbar strömt und kühn,
So lass Deutschland in dem Strahle
Frommer Andacht ewig blüh'n.
Dass dein Segen es umwehe,
Dass es, Herr, dein Tempel sei,
Und wie seines Taunus Höhe,
Sei es ewig froh und frei.
F. L. Weidig.

Auf dem etwa 20 Fuss höher ge-
legenen Höhepunkte der hohen Wurzel (1890'. nordwestl., sog. Katzenloh,
1902' ü. M.), wo jetzt noch ein tri-
gonometrisches Signal sichtbar ist,
wird von den drei genannten Vereinen ein Aussichtsthurm errichtet.

Oben Wegweiser (am rothen Kreuz): Nach
dem Chausseehaus und Wiesbaden. — Nach
der hohen Wurzel und L.-Schwalbach. — Nach
dem Rumpelskeller und Schlangenbad.

Notiz. Wer den Chausseeweg hierher benutzte, gehe den nachfolgend
unter b. angegebenen Fusspfad (immer bergab) zum Chausseehaus zurück.

b) *Fussweg.* Vom Chausseehaus
zum rothen Kreuz. Bei'm Chausseehaus, Wegweiser:

Nach Wehen 2 St. — Nach Wiesbaden 1
St. — Nach Schwalbach 2 St.

In der Richtung nach Schwalbach,
der Chaussee bergauf folgend, dann
in 2 Min., r. der Strasse, Wegweiser:

Nach dem rothen Kreuz, der hohen Wurzel und Schwalbach.

80 Schritte weiter, Wegweiser:
Fusspfad nach dem rothen Kreuz 40
Min. — Nun
l., immer auf dem Fusspfad fort,
nicht zu fehlen. Nach 13 Min. alte
Eiche, Ruhebänke. · Nach weiteren 9 Minuten Ruhebank. — Nach
5 Min. l.

Wegweiser zum rothen Kreuz und Chausseehaus.

Nach weiteren 3 Min.

Wegweiser: rothe Kreuz und Chausseehaus.

Nun durch Tannenwald, das tri-
gonometrische Signal auf der Höhe
wird Augenpunkt. Nach 4 Min., l.
Wegweiser:

Nach dem rothen Kreuz, dem Rumpelskeller und der hohen Wurzel. — Nach dem Chausseehaus.

Nun über eine Schneuse, dem Fusspfad folgend, in 3 Min. zur Höhe (Weiteres S. 175).

Den Rückweg wähle man r. hinunter zur Chaussee, 5 Min.

Hier 10 Min.: Abstecher zum Rumpelskeller (S. 178).

und von da l. ab zum Chausseehaus.

Vom Chausseehaus zum Rumpelskeller. Derselbe Weg wie der S. 175 unter a. angegebene Fahrweg zum rothen Kreuz. — Hier nach 40 Min. bei'm Wegweiser:

Nach dem Rumpelskeller 10 Min. — Nach Schlangenbad.

l. weiter. — Dann nach 3 Min. Wegweiser:

Nach dem Rumpelskeller u. Schlangenbad (r.) 20 Min.

Nun l. auf dem Waldwege, bis zu dem nicht zu fehlenden schönen Aussichtspunkt; von der Chaussee ab: 10 Min —

Der Rumpelskeller bietet ein wesentlich anderes Bild als das rothe Kreuz. Man sollte nicht verfehlen, beide Punkte zu besuchen (s. o.). Das Reinthal mit Bergstrasse, hauptsächlich der Oberrhein mit der Heidelberger Gegend erscheinen hier in einem reizenden, abgeschlossenen und doch grossartigen Bilde; ein Prachtplätzchen im wahrsten Sinne des Wortes.

Trinkt und singt! Den schönsten Garten
Pflanzte Gott am grünen Rhein,
Deutsche Hände, die ihn warten,
Deutsche Treu' und deutscher Wein!
Singt und trinkt! Die deutschen Lieder
Hallen deutsch von drüben wieder.
A. Schreiber.

Von hier l. durch den Wald, dann Chaussee, in 30 Min. (bergab) zum Chausseehaus; oder r. in 20 Min. nach Schlangenbad. -

31) Nach Schlangenbad.

a) *Fahrweg* (s. Ausflug 26, 27, 28, 30) bis zum Chausseehaus. — Von hier führt l. ein Fahrweg durch Wald, mit (l.) schönen Aussichten auf den Rhein, nach Georgenhorn, 1/2 St.

Wirthschaft bei Rossel, in der schönen Aussicht.

und bergab in 35 Min. bis Schlangenbad. Von Wiesbaden zus. ca. 2 St. 20 Min.

b) *Fahrweg* bis zum Chausseehaus

(s. o.). Dann der Schwalbacher Strasse nach, 40 Min. (bergauf), hier am Wegweiser: l. (auf den Rumpelskeller und Schlangenbad) in weiteren 25 Min. bis Schlangenbad.

c) *per Eisenbahn* nach Eltville; von da über Neudorf nach Schlangenbad (directe Omnibus-Verbindung s. u.; herzogl. Nass. Staatsbahn (S. 187).

Weiteres s. F. Heyl's: Rhein- u. Lahnführer.

32) Nach Schwalbach.

a) *Fahrweg* (s. Ausflug 25) bis zum Holzbacherhäuschen (1 St.). Hier auf nicht zu fehlender Chaussee über die sog. „eiserne Hand" (Aarstrasse) und über Hahn und Bleidenstatt nach Schwalbach; von Wiesbaden zus. ca. 3 1/2 St.

Für Fussgänger zweigt von dieser Strasse, bei dem Wegstein 371, l., ein hübscher Vicinalweg direct nach Bleidenstatt ab; er ist 20 Min. näher. Auch für Wagen und Reiter. — Tannenwaldung. Der Weg mündet im oberen

Bleidenstatt (Wirthschaft in Bleidenstatt: Aarthal bei Gehm).

b) *Omnibus* von Wiesbaden. (Näheres s. S. 90).

c) *Fahrweg* über das Chausseehaus (s. Ausflug 26, 27, 28 u. 30). Von hier am Wegweiser, über die hohe Wurzel, steigend, dann fallend, auf nicht zu fehlender Chaussee (in 2 St. vom Chausseehaus) nach Schwalbach. —

d) *per Eisenbahn* nach Eltville, von da über Neudorf und Schlangenbad (directe Omnibus-Verbindung der herzoglich nassauischen Staatsbahn, S. 187).

Weiteres s. F. Heyl's: Rhein- u. Lahnführer.

33) Nach Dotzheim, Frauenstein (Nürnberger Hof) und Schierstein.

Von der Stadt ab (s. Stadtplan), westliches Ende der Louisenstrasse, gradaus (r. Ecke, die Caserne), die Dotzheimerstrasse entlang (s Umgebungskarte). Der Weg bis Dotzheim, an beiden Seiten Obstbäume, ist nicht zu fehlen, und führt (Fahrweg) in 45 Min. zum Dorfe Dotzheim (497' U. M.).

Wirthschaft bei Wintermeyer im Löwen und Bolz im Engel.

Der Weg durch's Dorf (fast 10 Min.) führt gradaus, später r. wendend, entweder unten und Ausgangs des Dorfes bei den Steinbrüchen (r.), l. ein wenig bergan bis zur Strasse, oder weiterhin im Dorfe r., wenig steigend, auf einem neuen Fahrweg, Richtung r. (die Steinbrüche sind r. jenseits', bis zu einem Wegweiser r.

Abzweigung nach Georgenborn: 1 Stunde und zum grauen Stein (s. Ausflug 34).

Bei diesem Wegweiser l. bergan (oben hübsche Aussicht), dann sanft an Thal abfallend. Immer auf dem Fahrweg fort. Nach 25 Min. (vom Beginn des Dorfes Dotzheim ca. 45 Min.) erscheinen l. die stattlichen Oeconomiegebäude des Nürnberger Hofes, den der l. abführende Fahrweg in wenig Minuten erreicht.

Wirthschaft und Garten auf dem Nürnberger Hof.

Der Nürnberger Hof (s. Umgebungskarte), schon seiner Zeit ein Lieblingsplätzchen Göthe's, bietet eine überraschende Aussicht auf den Rhein. Der Strom mit seinen Inseln und Auen, die freundlichen lachenden Ortschaften, gewähren ein heiteres Bild der Mittelrhein-Gegend.

Vom Nürnberger Hof entweder auf dem Fahrweg (von Dotzheim nach Frauenstein) zurück, oder Fusspfad durch die Weinberge, in 20 Min. bis Frauenstein (s. 180).

Der vorher angedeutete Fahrweg führt, bei der Abzweigung des Weges zum Nürnberger Hof, r. weiter, fällt dann und erreicht in 16 Minuten Frauenstein (von Wiesbaden 1 St. 45 Min.; vom Beginn des Dorfes Dotzheim 1 St.).

Dorf **Frauenstein**, mit alter Burgruine, mitten im Thal auf isolirtem Quarzitfelsen, bietet ein malerisches, abgeschlossenes Bildchen.

Die Burgruine Frauenstein (Vrowinstein) wurde im 30jährigen Kriege zerstört, sie gehörte der adlichen Familie von Vrowinstein (Frowenstein), später den Herren von Lindau und von Fürstenberg. Ueber die Geschichte der Burg ist wenig bekannt. Ein bequemer Weg führt, steigend, hinauf zum Burgrest. Oben Ruhebänke.

Interessanter fast ist die ca. 27 Fuss im Umfang messende *tausendjährige Linde* (Blutlinde), ein Riesenstamm mit mächtiger Krone, dessen Aeste selbst wieder Stämme bilden. Die Aeste ruhen auf hölzernem Gerüst; den Stamm selbst umgiebt eine niedrige Mauer.

„Man kann die Aeste mit Brettern belegen und so über ihnen ein ganz ebenes Stockwerk gewinnen, wodurch sich die Rathsversammlung der Frauensteiner von selbst in ein Ober- u. Unterhaus abtheilen würde."

Simrock.

Die Sage, welche ihre Pflanzung in die Zeit der Kreuzzüge versetzt, hat einen poetischen Kranz um diese altehrwürdige Linde geschlungen.

Stolz reckt dort in der Lüfte Reich
Mit dichtem Laubgewinde
Fünf Arme, selber Stämmen gleich,
Des Dorfes alte Linde. — —
Die Sage hält in ihrer Hut
Den Baum schon graue Zeiten:
Denn ob der Furcht, es möchte Blut
Aus seinen Zweigen gleiten,

Wird, weit der Frühling ihn belaubt,
Kein Aestchen ihm, kein Blatt geraubt. —
Und weit sie grünt auf diesem Raum,
Scheint ein geheimes Leben.
Das nicht ersterben kann, im Raum
Es walten und zu weben; —
Und noch steht in der Linde Hut
Er als entspromt unschuld'gem Blut.
(s. Henninger, nass. Sagen.)

Wirtshach.: Im Ross, bei Müller.

Von Frauenstein nach Schierstein.

Fahrweg: Durch's Dorf bis zum Hof Grorod (10 Min.), der l. bleibt. Hier vereinigt sich der Weg (15 Min.) mit der Landstrasse nach Schierstein und Biebrich (l.) einerseits, und nach Walluf andererseits (r.). Von Frauenstein nach Schierstein auf diesem Wege: 38 Min.

Auch ein Fusspfad führt (Beginn des Weges wie der Fahrweg) bis zum Hofe Grorod und nach Schierstein. Der Hof Grorod bleibt r.

An dem Hof Grorod (Oeconomie), ein ehemaliges Rittergut, knüpfen sich gleichfalls anziehende Sagen (s. Henninger, nass. Sagen).

Vom Hofe ab halte man sich auf dem Fusswege l. — (l. auf der Höhe der Nürnberger Hof). Hier auf dem Fusspfade bis zur Groroder Mühle und l. auf einem Wiesenwege weiter, bis zum Orte Schierstein, vor diesem das Eisenbahngleis überschreitend: zus. 35 Min. (Schierstein s. S. 187).

Von Schierstein per Eisenbahn zurück, oder auf dem Fahrweg, Schiersteiner Chaussee (s. Umgebungskarte), in 1 St. nach Wiesbaden.

34) Nach Dotzheim, graue Stein und Chaussechaus.

Beginn des Weges wie Ausflug 33. (S. 179). Ausserdem ist bis Dotzheim auch der S. 169 angegebene Fussweg über Kloster Clarenthal zu empfehlen; er führt indess etwas um.

Von Dotzheim folge man dem Weg nach Frauenstein, wie Ausflug 33.

10 Min. hinter Dotzheim, r. der Strasse, bei'm Wegweiser nach Georgenborn, in der Richtung r., dem Fahrweg nach, bergauf. Bei der ersten Wegscheide, nach 10 Min., l. ab. Nach 3 Min. mündet der Weg auf einen in grader Richtung heraufziehenden Fahrweg, dem man nunmehr r. folgt.

Man bleibe auf dem Fahrwege, der durch das Wildgatter gradaus führt, dann l. wendet. r. des Fahrwegs, unter Bäumen, ein schattiger Fusspfad. Der Fusspfad endet nach 16 Min. — Man wende sich nun über den Fahrweg und gehe, l. der Strasse, dem Fussweg nach, indess immer in der Richtung des, wie bisher in der Mitte und gradaus führenden, Fahrwegs. Alle l. abführenden Schneusenwege bleiben unberücksichtigt. Gradaus. Der Wald endet l., nach 7 Min., in niederer Buschwaldung. Immer auf dem bisherigen Fahrweg weiter, der nunmehr etwas zu Thal fällt. Nach 8 Min. (von Dotzheim 54 Min.) Wegscheide.

Abzweigung: r. führt in 30 Min. ein Weg zum Chaussechaus.

Bei dieser Wegscheide bleibe man l.

Nach 1 Min. führt r. ein Weg zu Berg, in 25 Min. nach Georgenborn.

Man bleibe unten, gradaus, auf schönem breiten Waldweg, nicht den nächsten Weg l.

Nach 7 Min. zweigt l. ein Fahrweg nach Frauenstein ab (Entfernung bis dahin 35 Min.). Immer auf dem Fahrweg weiter, in 2 Min., von dem Fahrweg nach Frauenstein (von Dotzheim zus. 1 St. 4 Min., von Wiesbaden ca. 1 St. 55 Min.) der

*Graue Stein (1047').

Ein kleiner Fusspfad führt l. vor dem Stein auf die Höhe dieser eigenthümlichen Felsbildung.

Der graue Stein bietet eine prächtige, umfassende und überraschende Aussicht, einerseits über die ihn umgebende Landschaft und Waldung, andererseits über das Rheinthal, den Taunus mit Feldberg, Althönig, hohe Wurzel u. s. f.

Der Weg ist von Wiesbaden aus fahrbar, der interessante Punkt aber bei Weitem nicht genügend bekannt.

Aussergewöhnlich ist die abenteuerliche Gestaltung dieses isolirt emporragenden Felsens, der einer Festungsmauer gleich, vorwiegend Quarzit zeigt. Oben eine Granitsäule; Dreieckspunkt der nass. Landesvermessung.

Der Fusswanderer kann von hier folgende Wege einschlagen:

Nach Frauenstein (S. 182), das man in 37 Min. erreicht. Auf dem vorher beschriebenen Hinweg zurück, nach 2 Min., r. ab.

Nach Georgenborn (S. 177) 20 Min. und von da nach Schlangenbad, weitere 25 Min. (S. 177).

Von Georgenborn führt (vor dem Orte r. ab) die Fahrstrasse nach dem

Chausseehaus, in 45 Min. (S. 172); von da nach Kloster Clarenthal in 40 Min., bergab (S. 168) und in weiteren 45 Minuten, zurück nach Wiesbaden.

Vom grauen Stein: zum Chausseehaus, direct (s. o. Hinweg). 40 Minuten. Nach Schlangenbad direct: 35 Min.

Wer den Rhein erreichen will, geht vom grauen Stein, hinter demselben gradaus, in der Fortsetzung des bis hierher angegebenen Fahrwegs, in 1 St. 15 Min. nach Walluf. (S. 187). Der Weg ist nicht zu fehlen, wenn man in grader Richtung bleibt und alle r. und l. abführenden Wege vermeidet. Unterwegs schöne *Aussicht auf den Rhein.

25) Nach Neudorf und Rauenthal (Schlangenbad) über Frauenstein.

Für rüstige Fusswanderer eine lohnende Parthie. Entweder:

1) Auf dem S. 179 angegebenen Wege nach Dotzheim (Ausflug 33) und von da nach Frauenstein (S. 179, Ausflug 33); oder

2) von Wiesbaden nach Kloster Clarenthal (S. 167 und Ausflug 26). Hier, 2 Min. hinter Clarenthal, auf dem von der Chaussee nach Schlangenbad und Schwalbach, l. abführenden Fussweg (S. 169, Ausflug 26) nach Dotzheim, mit hübscher Aussicht unterwegs und von dort nach Frauenstein (S. 180, Ausflug 33); oder auch:

3) vom Ende der Schwalbacher- und Louisenstrasse ab, über die Kahle Mühle (S. 163), auf der Schiersteiner Chaussee nach Schierstein, zus. 1 St. (s. Ausflug 23).

Von Schierstein, der Rheingauer Chaussee rheinabwärts folgend, auf gutem Wege nach 20 Min., r. (Wegweiser) nach Neudorf (½ St., von Wiesbaden zus. 1 St. 50 Min.). Von Neudorf weiter s. S. 184.

Wer den Weg über Frauenstein eingeschlagen, gehe durch Frauenstein an der alten Linde (S. 180) und dem Gasthaus zum Boss vorbei, bis Ausgangs des Dorfes, in der Richtung nach dem Rheine zu. Am Ende des Dorfes wende man sich r. etwas in den Berg. Der Frauensteiner Friedhof bleibt l. — Durch einen Hohlweg zu Thal; l. am Wege der Hof Armada (eigentlich zur Armen-Kuh). ehemals Capelle und Rittersitz der Herren von Lindau, jetzt Oeconomie und Musterwirthschaft im Besitz des Prinzen Nicolaus von Nassau.

Der Hof bleibt l., der Weg steigt ein wenig bergan und tritt dann in Waldung ein. Hübsche Aussicht. Hier graden Weges weiter, der Weg senkt sich durch Weinberge hinab und erreicht, entweder auf der Chaussee mündend, dann r., oder durch die Weinberge bis zum Dorfe, den Ort Neudorf (ca. 460' ü. M.). Gasthaus: Zur Krone, mit Garten, häufig Forellen.

Von Neudorf nach Rauenthal ca. ¼ St. Weg: Man wende sich durch den Ort, das Gasthaus zur Krone bleibt r.

Ende des Ortes ein Wegweiser: Nach Rauenthal ¼ St.

Hier l. zu Berg, mässig steigend und nicht zu fehlen.

Gasthäuser in Rauenthal: Hôtel Bubenbausen bei Götz. — Nassauer Hof bei Winter.

Rauenthal (805' üb. M.) ist

einer der gelobtesten Weinorte des Rheingau's.

' Dicht bei Rauenthal (¼ Stunde), nicht zu fehlender Weg, prächtiger Aussichtspunkt: die

*Rubenhäuser Höhe (824' üb. M., ca. 551' üb. Rhein). Prachtvolles Panorama des Rheins.

Von hier in 45 Min. bergab, durch die Weinberge nach Eltville, und per Staatsbahn zurück nach Wiesbaden.

Von Neudorf nach Schlangenbad. Anfänglich Weg wie nach Rauenthal (S. 184). Bei'm Wegweiser statt bergansteigend, bleibe man unten im Thal, auf dem breiten befahrenen Wege, durch's Thal.

5 Min. hinter Neudorf, das ehemal. Kloster Tiefenthal (jetzt Mühle), Benedictiner- dann Cistercienser-Ordens.

Es bestand schon im 12. Jahrh., ist im Bauernkriege hart bedrängt, indem erst 1803 aufgehoben worden.

Von hier noch 85 Min. bis Schlangenbad. Weiteres s. F. Hey'l, Rhein- u. Lahn-Führer.

Ausflüge per Eisenbahn.

Wir müssen uns darauf beschränken diese, unserer Curstadt ferner liegenden, Ausflüge in gedrängtester Kürze anzudeuten und verweisen deshalb auf die, Rückseite des Titels, angezeigten ausführlichen Reiseführer.

Per Taunusbahn.

Nach Biebrich, für 18, 12 u. 6 kr. (S. 161).

Nach Castel-Mainz, für 27, 18 u. 12 kr.

Sehenswerth in Mainz: *Dom (Denkmäler und Kreuzgang desselben, Grab Frauenlob's), Gutenbergdenkmal, *Sammlungen im Schloss, Citadelle und Eichelstein, *Neue Anlage (häufig Concerte), Rheingitterbrücke, Stephanskirche, Küstrich (Aussicht), römische Wasserleitung bei Zahlbach etc.

Restaurationen: Café Paris; Peter Bickerle (Wein) und Klein (im rothen Haus), sämmtlich auf dem Theaterplatz. — Bier: im Café neuf auf der Insel; im heiligen Geist, Mailandsgasse und der Stadt Coblenz, Rheinstrasse.

In Castel: Hôtel zum Bären (Restaurant) und im Anker (Bier), auch Garten.

Nach Hochheim, für 45, 30 und 18 kr.

Berühmter Weinort (381' üb. M.), mit hübscher Aussicht. Sehenswerthe Champagnerfabrik (Besuch, nach Anfrage erlaubt).

Wirthschaft: bei Lombach, im Schwanen. —

Nach Flörsheim, für 66, 42 und 27 kr.

Abstecher zum Wellbacher Schwefelbrunnen, in 20 Min. — Omnibus 12 kr., nur im Sommer, an die Züge anschliessend.

Nach Hattersheim, für 87, 54 u. 33 kr.

Ausflüge über Hofheim (1 St.), Hofheimer Capelle (1 St. 25 Min.), mit schöner Aussicht, und in's Lorsbacher Thal (1½ St.). — Nach Eppstein (2½ St.), Königstein (3 St.), Feldberg etc.

Nach Höchst, für 105, 66 und 42 kr.

Abstecher nach Bad Soden, eisenhaltig-salinische Quellen (i. Sommer von Höchst per Zweigbahn, in 13 Min., für 30, 18 und 12 kr.).

Von Höchst nach Königstein (2 St.), Feldberg (3½ St.), Eppstein (2 St.), Cronthal (35 Min.), Cronberg (50 Min.), Falkenstein (1½ St.) etc.

Nach Frankfurt, für 135, 84 und 51 kr.

Sehenswerth: *Römer, Dom, Pauls-kirche, städtische Bibliothek, *Städel'-sches Institut, *Bethmann's Museum, Diorama, Schiller-, Goethe-, Gutenberg-, Hessen-Denkmal, Goethe's Geburtshaus, Bundespalais, Börse, Mainbrücke, *Senckenberg's Museum, *zoologischer Garten etc.

Restaurants: Holländischer Hof (Café), am Goetheplatz; Byson (Bier), neben dem Main-Weser- und Taunasbahnhof; Bavaria (Bier), Schillerplatz. — Conditorei: J. F. Eder (Eis), auch von Damen besucht, auf dem Goetheplatz.

Genaueston Auswols über diese sämmtlichen Ausflüge findet der Curgast in dem: Neuesten Reisehandbuch für die Rheinlande von Hof') und Berlepsch, mit Stadtplänen und Illustrationen; vorräthig in jeder Buchhandlung (s. Rückseite des Umschlags).

Der Nassauische Staatsbahn.

Nach Biebrich-Mosbach. für 15, 9 und 6 kr. (s. S. 101).

Nach Schierstein, für 24, 15 und 9 kr. (s. S. 163).

Wirthschaft. Drei Kronen; Rheinlust; W. Seibel.

Ausflüge nach Frauenstein (S. 164), Nürnberger Hof (S. 164) und über Dotzheim (S. 179) nach Wiesbaden zurück.

Nach Niederwalluf, für 33, 18 u. 12 kr.

Wirthschaften: Schwan (Hoffmann); Gartenfeld (Köppel); Schöne Aussicht (Kratz), in allen drei Häusern sehr guter Wein.

Ausflüge: Nach dem Leniaberg: Ueberfahrt über den Rhein per Nachen (2, resp. 5 kr. per Pers.) nach Budenheim. Von da ½ St. Gehens. Nicht zu fehlen. Oben *Aussichtsthurm; schönes Bild des Rheingau's. — Nach Neudorf (40 Min.), s. Ausflug 35. — Nach Rauenthal (ca. 1 St.), s. Ausflug 35. Zur Bubenhäuser Höhe (s. S. 185). — Nach Schlangenbad (s. S. 185).

Nach Eltville, für 42, 24 u. 15 kr.

Restaurants. Rheinbahnhötel (Losson), nahe der Bahn. — Rheingauer Hof (Wagner), mitten im Ort.

Directe Omnibus-Verbindung (im Sommer) der nass. Staatsbahn nach Schlangenbad und Schwalbach, täglich 3mal hin und ebenso oft zurück. Directe Billets von Wiesbaden nach Schlangenbad: 102 und 84 kr.; nach Schwalbach: 132 und 114 kr. — Auch directe Gepäckbeförderung.

Ausflüge: Zur Bubenhäuser Höhe (S. 185). — Nach Schlangenbad und Schwalbach (über Neudorf S. 183). —

Nach Kiedrich (1 St.) höchst sehenswerthe Kirchen: *St. Michaelscapelle und *St. Valentinskirche, reinsten gothischen Styls. (Wirthsch. im Engel). — Nahe bei Kiedrich (20 Min.) der Gräfenberg (Weinlage ersten Ranges) und Ruine Scharfenstein (20 Min.).

Nach Erbach, für 48, 27, und 18 kr.

Wirthsch. Im Engel (Cruse), und bei Becker, nahe der Bahn.

Sehenswerth: Die schöne neue Kirche und Schloss Reinhartshausen, Besitzthum der Prinzessin Marianne der Niederlande, mit höchst bemerkenswerthem *Museum: Gemälde, Alterthümer und Sculpturen; geöffnet: Mont., Mittw. u. Freitags, Morg. 10—4 Uhr Nachm. — 30 kr., zum Besten der Armen.

Nach Hattenheim, für 54, 33 u. 21 kr.

Gasth. Laroche, mitten im Ort.

Ausflüge: Nach *Kloster Eberbach (45 Min.), ehemalige Cisterzienser-Abtei mit interessanten Gebäulichkeiten, jetzt Strafanstalt des Herzogthums Nassau. (Wirthsch. im hinteren Hofe). In den Kellerräumen: Lager der besten Rheinweine, herzogl. Cabinetskeller. — Nahebei der weltberühmte Steinberg, Weinlage ersten Ranges und der *Bos, schöner Aussichtspunkt. — Seitwärts die nass. Irren-Heilanstalt Eichberg.

Nach Oestrich-Winkel, für 63, 36 und 24 kr.

Gasth. in Mittelheim: Wwe. Berg. —
In Winkel: Rheingauer Hof (Herber). — In
Oestrich: Steinhelmer, am Rhein; Iffland,
Garten; Wwe. Petri.

Ausflug: Nach Weinheim (Nachen-
überfahrt 6 kr. per Pers.). Von da
nach Nieder- und Oberingel-
heim. Im ersteren Orte (von Weinheim 45 Min, zu Fuss) unbedeutende
Reste eines Palastes Carl's des Grossen, und schöne Aussicht auf's Rheingau, auf der sogen. Mainzer Strasse
(15 Min.), bei der Napoleonskule. —
Von Winkel nach Schloss Johannis-
berg (jetzt besser von Station Geisenheim ab).

Nach Geisenheim, für 75, 45 und
30 kr.

Gasth. Stadt Frankfurt (Gebr. Wiger). —
Gebr. Schlitz (Walz). — Bohn (Bier).

Sehenswerth: *Glasmalereien, vom
12. Jahrh. anfangend, im von Zwier-
lein'schen Schlösschen. — *Obstpark
des General-Consuls Lade. — Lade'-
sche Familiengruft auf dem Friedhof
— Marmorsculpturen.

Ausflüge: Nach Schloss Johannis-
berg (35 Min.), Besitzthum des Fürsten Metternich, berühmtes Weingut.
Schöne *Aussicht von der Terrasse.
Begräbnisstätte Nicolaus Voigt's, des
rheinischen Geschichtsforschers. — In
der Nähe eine Kaltwasserheilanstalt.

Wirthsch. bei Klein, im Dorf Johannis-
berg im Grund.

Von Geisenheim nach Kloster Ma-
rienthal (1 St.), Wallfahrtsort und
Kirche. — Nach Kloster Nothgottes
(45 Min.), jetzt Oeconomie.

Nach Rüdesheim, für 87, 51 und
33 kr.

Gasth. Darmstädter Hof (N. Bahl); Hôtel Rheinstein (Beiderlinden); Massmann. —
Conditorei bei Scholl.

Landebrücke der rhein. Dampfboote. —
Dampfboot-Traject-Verbindung mit Bingerbrück zur Rhein-Nahebahn, Hess. Ludwigsbahn
und Rheinischen Bahn, für 2 Sgr. und 1 Sgr.
per Pers.

Ausflüge: Auf den **Niederwald
(45 Min.), besser von der nächsten
Station (Assmannshausen) aus. —
Nach Bingen: Ueberfahrt per Dampf-
Traject nach Bingerbrück oder Na-
chen nach Bingen (letzterer 1—2
Pers. 12 kr.; jede Pers. mehr: 4 kr.
weiter, Taxe). — Von Bingen auf
Ruine Klopp (10 Minuten) und zur
*Rochuscapelle (40 Min.). — Von
Rüdesheim: Nach Burg Ehrenfels (30
Min.), am Rheinufer hin; gegenüber der
sagenreiche Mäusethurm. — Nach Klo-
ster Eihingen (30 Min.). — Nach Burg
Rheinstein und Assmannshausen (mit
Nachen, ein solcher incl. Aufenthalt,
für beide Punkte: 1 fl. 54 kr., dann
von Assmannshausen über den Nie-
derwald, per Esel, Wagen oder zu
Fuss; eine der genussreichsten
Partien am ganzen Rheinstrom.

Gasthäuser in Assmannshausen: Bei
Brück in der Krone, und bei Jung im Anker.

Die genaueste Schilderung sämmtlicher, mit der uns. Staatsbahn zu
erreichenden Ausflugspunkte, nebst
Angabe aller Fusswege, Taxen und
Tarife findet der Curgast in dem:
Rhein- u. Lahnführer von *Ferd. Heyl*,
4. Auflage, 1 fl. 12 kr., vorräthig in
jeder Buchhandlung; auf den wir
auch bezüglich der Badeorte Schlangenbad, Schwalbach u. s. f. ve;welsen.

Ebenso gibt speciellen Auswels
das bereits S. 188 erwähnte: Neueste
Reisehandbuch für die *Rheinlande*
von *Heyl* und *Berlepsch* (s. Rückseite des Umschlags).

Anhang.

Taxen und Tarife.

Tarif für das Droschkenfuhrwerk der Stadt Wiesbaden.

	Zweisp. fl. kr.	Einsp. fl. kr.		Zweisp. fl. kr.	Einsp. fl. kr.
Aus den Bahnhöfen, innerhalb des Stadtberings und der Landhäuser:			½ Stunde gratis Warten. Für die Rückfahrt wird die Hälfte bezahlt; jede weitere ¼ Stunde kostet	— 15	— 12
für 1—2 Personen	— 30	— 30	12. Biebrich	2 —	1 24
„ 3—4 „	— 48	— 48	**1 Stunde gratis Warten, Rückfahrt die Hälfte.**		
Nach den Bahnhöfen, Fahrten innerhalb der Stadt und der Landhäuser:			13. Chausseehaus	3 —	3 30
¼ Stunde 1—2 Personen	— 24	— 18	14. Niederwalluf	5 —	3 30
3—4 „	— 30	— 24	15. Platte	5 —	4 —
½ Stunde 1—2 „	— 36	— 24	16. Nürnberger Hof	5 —	4 —
3—4 „	— 48	— 36	17. Eltville	6 —	4 30
¾ Stunde 1—2 „	— 54	— 36	Bei diesen Fahrten ist ein 2stündiger Aufenthalt und die Retourfahrt einbegriffen. Jede weitere ¼ Stunde Warten kostet	— 15	— 12
3—4 „	1 12	— 48	18. Castel	6 —	5 —
1 Stunde 1—2 „	1 12	— 48	19. Mainz in die Anlagen	8 —	6 —
3—4 „	1 24	1 —	20. Kiedrich	8 —	6 30
Bei diesen Fahrten ist das gewöhnliche Reisegepäck bestehend in 1 Koffer, 1 Hutschachtel und 1 Reisesack frei, für jedes weitere Stück wird bezahlt: 6 kr.			21. Rauenthal	8 —	7 —
			22. Erbach	7 —	6 —
			23. Schlangenbad über Biebrich	8 —	7 —
Jede Fahrt in der Stadt wird wenigstens gleich ¼ Stunde gerechnet. Bei Fahrten über 1 Stunde, für jede weitere ¼ Stunde			24. Eppstein	8 —	7 —
			25. Schlangenbad über Rauenthal und Biebrich	9 —	7 30
	— 12	— 12	26. Kloster Eberbach — Eichberg	9 —	7 —
Fahrten ausserhalb des Stadtberings.			In den Fahrten 19—26 ist die Zurückfahrt einbegriffen, Zeitdauer für ½ Tag.		
1. Neuer Geisberg	— 48	— 36	27. Castel Hinfahrt	3 30	2 30
2. Beau-site	— 48	— 36	28. Mainz bis in die Anlage Hinfahrt	5 15	4 —
3. Dietenmühle	— 48	— 36	29. Schlangenbad, Hinfahrt	7 —	5 —
4. Neuer Friedhof	1 —	— 48	30. Schwalbach	8 —	6 —
5. Neue Schiesshalle	1 12	1 —	31. Schwalbach und zurück	10 —	8 —
6. Capelle	1 12	1 —	32. Schwalbach und zurück über Schlangenbad	11 —	8 30
7. Naroberg	1 48	1 24	33. Schloss Johannisberg und zurück	10 —	8 —
8. Leichtweisshöhle	1 48	1 24	Die Fahrten 31—33 für den ganzen Tag.		
9. Sonnenberg	1 12	1 —			
10. Bierstadt	1 48	1 24			
11. Fasanerie	1 48	1 24			

| | Zweisp. | Einsp. |
| | fl. kr. | fl. kr. |

Rundfahrten ausserhalb der Stadt.

	Zweisp. fl. kr.	Einsp. fl. kr.
34. Capelle u. Neroberg durch's Nerothal zurück	3 —	2 24
35. Capelle über Neroberg und Leichtweisshöhle zurück .	3 30	2 42
36. Neroberg über Leichtweisshöhle und zurück . . .	3 —	2 24
37. Leichtweisshöhle über die Tranereiche und zurück .	3 —	2 24
38. Leichtweisshöhle über die Herreneichen und Platterstrasse und zurück . . .	3 30	3 —
39. Nerothal durch den Wolkenbruch üb. Walkmühle zurück	2 30	2 —
40. Sonnenburg über Rambach und Bierstatt zurück . .	3 30	3 —
41. Bierstatt-Igstadt und zurück über Erbenheim . .	5 —	4 —
42. Erbenheim über den Heseler und zurück durch's Mühlthal	3 30	3 —
43. Erbenheim über Castel und Biebrich zurück . . .	5 —	4 —
44. Biebrich über Schierstein zurück	3 30	3 —
45. Fasanerie über Adamsthal zurück	3 30	3 —
46. Holzhackerhäuschen — Adlenäscherei und zurück .	3 —	2 24
47. Alte Schwalbacher Chaussee über Fasanerie und neue Schwalbacher Chaussee zurück	3 —	2 24

	Zweisp. fl. kr.	Einsp. fl. kr.
Bei den Fahrten 34—47 ist ½ Stunde Aufenthalt einbegriffen. Jede weitere ¼ Stunde Warten kostet .	— 15	— 12
48. Chausseehaus über die Fasanerie zurück . . .	5 30	4 —
49. Rothekreuz und Rampelskeller — zurück . . .	6 —	4 30
50. Nürnberger Hof und zurück über Frauenstein, Schierstein und Biebrich . .	6 —	5 —
51. Eppstein und zurück durch's Lorsbacher Thal über Niederhausen	10 —	8 —
52. Platte üb. Neroberg zurück	6 —	4 30
53. „ „ Leichtweisshöhle	6 —	4 30
53. „ „ Sonnenberg .	6 —	4 30
54. „ „ Capelle .	6 —	4 30
55. „ „ Holzhauerhäusch. „	6 —	4 30
56. Capelle, Neroberg, Leichtweisshöhle von da zur Platte und zurück . .	7 —	5 30
Bei den Fahrten 49—57 ist ein 2stündiger Aufenthalt einbegriffen.		
Fahrten auf chaussirten Wegen, seien es Spazierfahrten, oder Fahrten nach oben nicht bezeichneten Punkten, für jede ¼ Stunde Zeitdauer	1 —	— 42

Wiesbaden, den 24. Mai 1866.

Herzogl. Polizei-Direction.

v. Rössler.

Taxe für die Ritte mit Eseln (incl. Trinkgeld).

	fl. kr.
Platte hin und zurück	1 45
Biebrich hin und zurück	1 24
Schlangenbad hin und zurück . . .	2 30
Eppstein hin und zurück	2 40
Nürnbergerhof hin und zurück . . .	1 45
Fasanerie hin und zurück	1 45
Leichtweisshöhle hin und zurück . .	— 48
Adamsthal hin und zurück	1 —
Leichtweisshöhle durch den Wald über Sonnenberg	1 24
Dieselbe Tour über Rambach	1 45
Leichtweisshöhle durch den Wald auf den Neroberg hin und zurück . .	1 24
Nerothal, Leichtweisshöhle, Fasanerie retour p. Clarenthal	1 45
Walkmühle hin und zurück	— 48
Sonnenberg hin und zurück	— 48
Sonnenberg, Rambach, Lindenthalerhof hin und zurück	2 —

	fl. kr.
Geisberg hin und zurück	— 30
Geisberg, Sonnenberg hin und zurück	1 24
Capelle und zurück	— 36
Neroberg hin und zurück	— 48
Dietenmühle	— 30
Bierstatter Warte hin und zurück .	— 48
Bierstatt hin und zurück	1 12
Bierstatt und Warte hin und zurück	1 24
Ein Ritt mit einem Esel kostet pr. Stunde	— 42

Der Aufstellungsplatz befindet sich an der Sonnenbergerstrasse vis-à-vis dem Berliner Hof.

Wenn die Taxe den Betrag von 1 fl. erreicht, so ist in derselben eine Wartezeit von 1 Stunde inbegriffen. Im übrigen ist das Warten mit 30 kr. für jede Stunde zu vergüten. Für eine Wartezeit von weniger als 1 Stunde darf nichts angesprochen werden.

Omnibus zum Bahnhof und vice versa (s. S. 90).
Omnibus nach Schwalbach und vice versa (s. S. 90).
Omnibus nach Biebrich und vice versa (s. S. 90).
Taxe der telegr. Depeschen der Taunusbahn (s. S. 90).

Taxe der telegraphischen Depeschen (s. S. 92) der Nassauischen Staatsbahn.

1) Im internen Verkehr: Die einfache Depesche (20 Worte) zwischen je zwei nassauischen Stationen, kostet 20 kr.; für je 10 Worte weiter, je 10 kr. mehr.

2) Im vereinsländischen Verkehr: Für die einfache Depesche nach einer im Vereins-Zonen-Tarif aufgeführten Station, so viel mal 8 Sgr. oder 28 kr., als die auf dem Tarif beigefügte Zonenzahl angibt.

Uebersichtstabelle:

Entfernung nach:		Bis 20 Worte (einf. Depesche)					Für je 10 Worte mehr:				
Zonen.	Meilen.			österr.	süddt.	holl.				österr.	süddt.	holl.
		Frcs.	Sgr.	fl. kr	fl. kr	Guld.	Frcs.	Sgr.	fl. kr	fl. kr	Guld.
I.	bis 10	1,00	9	— 40	— 28	0,50	0,50	4	— 20	— 14	0,25
II.	über 10—45	2,00	16	— 80	— 56	1,00	1,00	8	— 40	— 28	0,50
III.	über 45	3,00	24	1,20	1 24	1,50	1,50	12	— 60	— 42	0,75

3) Im Internationalen Verkehr (Depeschen, die über die Vereinsgrenze hinausgehen), erhöht sich die Vereinsgebühr von 3 Francs, um die internationalen Beträge, laut der bestehenden Tarife.

Preise nach allen Telegraphenstationen in:

	fl.	kr.	Thl.	Sgr.		fl.	kr.	Thl.	Sgr.
Italien	2	49	1	18	Dänemark	3	34	1	14
Schweiz	1	62	1	2	Norwegen	3	44	2	4
Spanien	4	12	2	12	Schweden	2	43	1	18
Portugal	4	40	2	20	Schleswig-Holstein	1	52	1	2
Frankreich	1	52	1	2	Russland, europäisches	3	44	2	4
Belgien	1	52	1	2	Türkei, europäische	4	16	1	26
Grossbritannien u. Irland					Griechenland	3	16	1	26
via Ostende	3	16	1	26	Moldau und Walachei	2	20	1	10
London und alle übrigen					Serbien	1	52	1	2
Stationen via Haag	3	44	2	4					

Packträger-Tarif für die Stationen der Nassauischen Staatsbahn.

Von der Bahn bis zur Stadt: 1 Koffer, 1 Kiste etc. über 50 Pfd. 12 kr.; 1 kleinerer Koffer, Kiste etc. bis zu 50 Pfd. 9 kr.; für kleinere Gegenstände: Hutschachtel, Reisetasche etc., per St. 3 kr.; mehrere zus. höchstens 9 kr. — Von der Droschke ins Gepäckbüreau, oder zum Waggon und umgekehrt: 1 Koffer, Kiste etc. 3 kr.; kleinere Gegenstände zus. 3 kr.

Packträger-Tarif für die Stationen der Taunusbahn.

In die Stadt: 1 Koffer bis 50 Pfd. und darüber 12 kr.; 1 Mantelsack u. kleinere Gegenstände von 15—50 Pfd. 10 kr.; kleinere Gegenstände unter 15 Pfd. 6 kr. — Von der Droschke zum Waggon: 1 Koffer 3 kr.; kleinere Gegenstände mit Koffer zus. Nichts; allein für Reisetasche und Hutschachtel etc. zusammen 3 kr. — Vom Taunusbahnhof in den Staatsbahnhof: 1 Koffer 6 kr.; kleinere Gegenstände 3 kr.

Münztabellen (Cours-Schwankungen vorbehalten).

Durchschnitts-Cours gangbarer deutscher, französischer, russischer und englischer Münzen.

1 Gulden à 60 kr. = 1 Shilling 8 Pence = 2 Francs 15 Centimes.

Stück.	Sove-reigns.		20 Francs-Stücke.		holländ. 10 fl. Stücke.		preuss. Fried-richs-d'or.		hannov. u. dän. Fried-richs-d'or.		Duca-ten.		Silber-Rubel.		Kronen-Thaler.		5 Frcs.-Stücke.		preuss. Thaler.	
	fl.	kr.	fl.	kr	fl.	kr	fl.	kr.	fl.	kr.	fl.	kr.	fl.	kr.	fl.	kr.	fl.	kr.	fl.	kr.
1	11	48	9	20	9	48	9	55	9	40	5	36	1	50	2	42	2	20	1	45
2	23	36	18	40	19	36	19	50	19	20	11	12	3	40	5	24	4	40	3	30
3	35	24	28	—	29	24	29	45	29	—	16	48	5	30	8	6	7	—	5	15
4	47	12	37	20	39	12	39	40	38	40	22	24	7	20	10	48	9	20	7	—
5	59	—	46	40	49	—	49	35	48	20	28	—	9	10	13	30	11	40	8	45
6	70	48	56	18	58	48	59	50	58	39	33	36	11	—	16	12	14	—	10	30
7	82	36	65	20	68	36	69	25	67	40	39	12	12	50	18	54	16	20	12	15
8	94	24	74	40	78	24	79	20	77	20	44	48	14	40	21	36	18	40	14	—
9	106	12	84	—	88	12	89	15	87	—	50	24	16	30	24	18	21	—	15	45
10	118	—	93	20	98	—	99	10	96	40	56	—	18	20	27	—	23	20	17	30

Vergleichung deutscher, englischer und französischer Münzen.

Namen der Münzen.	Süddeutsch-land.		Preussen.		England.		Frankreich.	
	fl.	kr.	Thlr.	Sgr.	Shill.	Pence.	Frcs.	Cent.
Englischer Sovereign	11	48	8	22	20	—	25	8
20 Francs-Stück	9	20	5	10	15	7	20	—
Holländ. 10 fl.-Stück	9	48	5	18	16	4	21	—
Preussischer Friedrichsd'or	9	55	5	20	16	4	21	25
Hannov. und dän. Friedrichsd'or	9	40	5	16	16	1	20	75
Dukat	5	36	3	6	9	4	12	—
Russischer Silber-Rubel	1	50	1	1½	3	1	4	—
Kronenthaler	2	42	1	16	4	6	5	76
5 Francs-Stück	2	20	1	10	2	11	5	—
Preussischer Thaler	1	45	1	—	2	11	3	75

1 Oestr. Gulden . . . . = fl. 1. 10 kr.
1 Oestr. Zweiguldenstück . . . . = fl. 2. 20 kr.
1 Franc . . . . = fl. —. 24 kr.
1 Schilling (engl.) . . . . . . = fl. —. 36 kr.
1 Russ. Imperial . . . . = fl. 9. 36—42 kr.
1 Pistole . . . . = fl. 9. 36—40 kr.
1 deutsche Krone . . . . . . = fl. 16. 6—16 kr.
1 Dollar Gold . . . . = fl. 2. 20—24 kr.

Inhalts-Verzeichniss.

Karte der Umgebung der Stadt Wiesbaden.

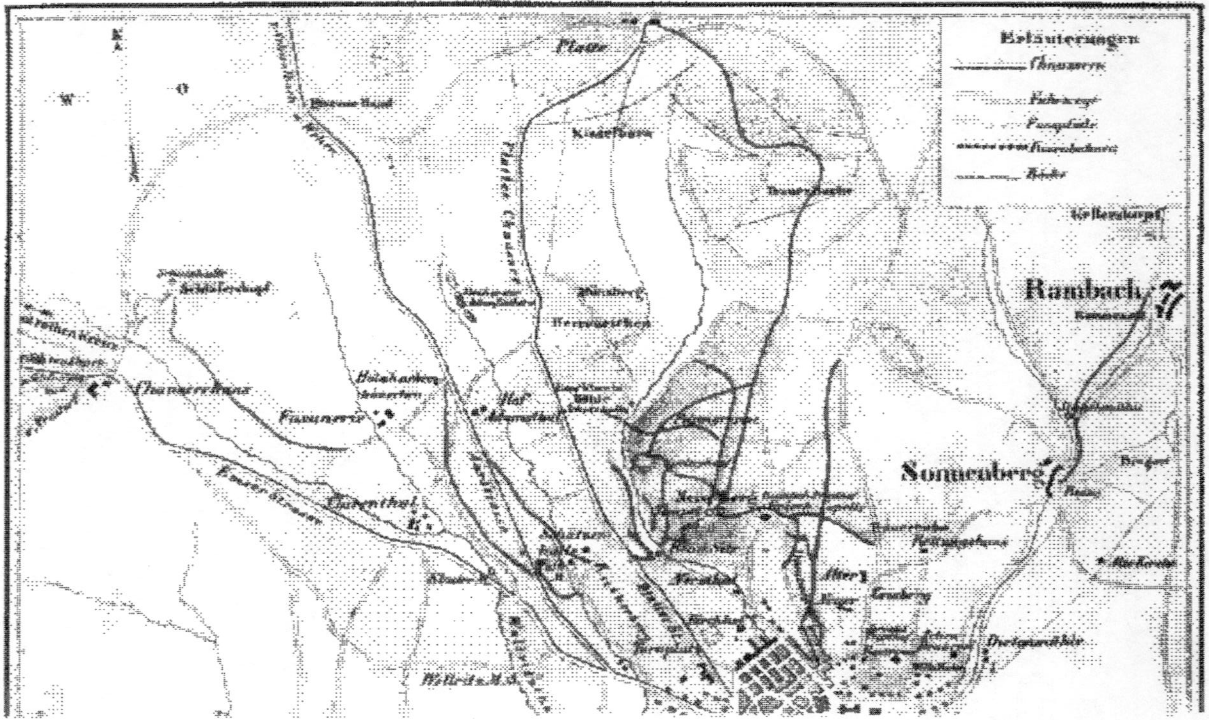

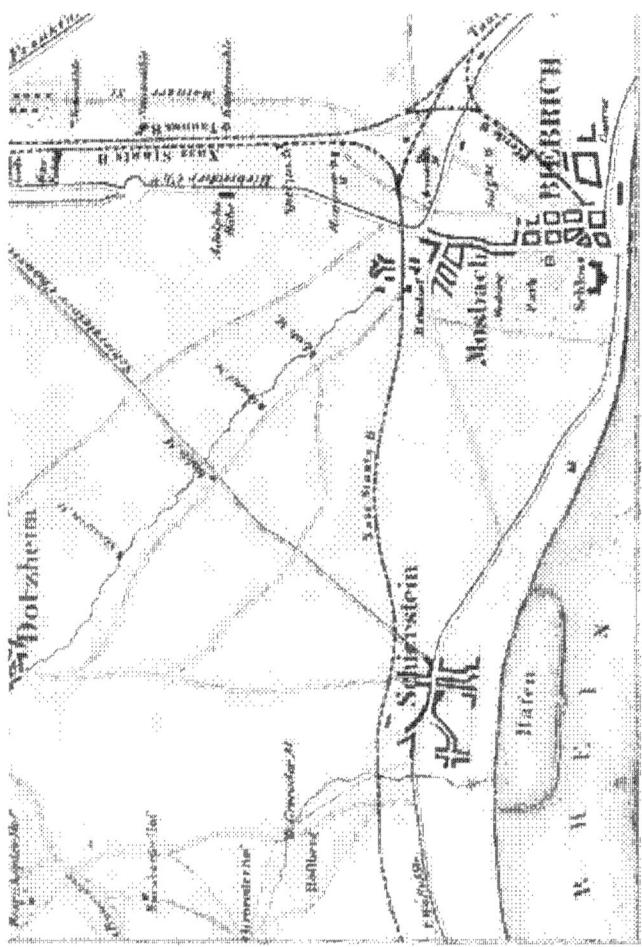

www.ingramcontent.com/pod-product-compliance
Lightning Source LLC
Chambersburg PA
CBHW021829190326
41518CB00007B/789

* 9 7 8 3 7 4 1 1 6 6 6 5 5 *